Martina Schneider

Welche Marke steckt dahinter?

Neues vom Markendetektiv:
160 topaktuelle No-Name-Produkte
und ihre prominenten Hersteller

W0235610

südwest°

Inhalt

3 Vorwort

4 Handelsmarken – keine Marken zweiter Klasse

9 So haben wir getestet

10 Aldi

12 – 22 Aldi-Süd-Produkte

23 – 37 Aldi-Nord-Produkte

38 Lidl

39 – 49 Lidl-Produkte

50 Netto

51 – 55 Netto-Produkte

56 Plus

57 – 63 Plus-Produkte

64 Penny

65 – 69 Penny-Produkte

70 Norma

71 – 75 Norma-Produkte

76 Edeka

77 – 81 Edeka-Produkte

82 Rewe

83 – 87 Rewe-Produkte

88 Real

89 – 95 Real-Produkte

96 Kaufland

97 – 100 Kaufland-Produkte

101 Sparpotenzial auf einen Blick

102 Kurz und knapp: Wer steckt dahinter?

106 Die Veterinärkontrollnummern

110 Register

111 Über die Autorin

112 Impressum

Vorwort

In Deutschlands Supermärkten findet derzeit das große Umräumen statt: Hunderte von neuen No-Name-Produkten sind in den letzten Monaten in die Regale gekommen; viele weitere werden folgen. Während Discounter wie Aldi, Lidl oder Penny seit jeher auf ein breites Angebot an Eigenmarken setzen, haben die sogenannten Vollsortimenter in letzter Zeit massiv nachgezogen.

Egal, bei welcher Handelskette Sie als Verbraucher also einkaufen: Sie stoßen zunehmend auf Lebensmittel, die von einem Hersteller ganz speziell für dieses Unternehmen produziert wurden. Wer diese Hersteller sind – darüber schweigt man sich in der Branche gerne aus.

Mit diesem Ratgeber werfen wir einen Blick hinter die Handelsmarken-Welt. Sie werden überrascht sein, wie viele Markenhersteller auch unter fremder Flagge segeln. Wer würde schon auf die Idee kommen, dass bei Rewe der unscheinbare Ja!-Fleischsalat aus dem gleichen Hause kommt wie das bekannte Markenprodukt von Homann? Wer würde auf eine gemeinsame Kinderstube von der Frosta-Paella und dem Gut-&-Günstig-Produkt bei Edeka tippen? Auch bei Lidl deutet von außen nichts darauf hin, dass der No-Name-Frischkäse mit dem unbekannten Label Pic Frisch aus dem gleichen Produktionsbetrieb stammt wie das Markenprodukt Exquisa.

Über derartige Fälle informiert Sie dieses Buch. Allerdings sollten Sie aus den Parallelen keine falschen Rückschlüsse ziehen. Hier verhält es sich wie im richtigen Leben: Nur weil zwei Kinder aus dem gleichen Elternhaus stammen, heißt das noch lange nicht, dass sie sich ähneln müssen.

Machen Sie sich anhand von 160 Beispielen – quer durch die gesamte Handelslandschaft und durch das gesamte Lebensmittelsortiment – Ihr ganz persönliches Bild über Marken- und No-Name-Produkte. Damit Sie beim Einkauf einfach besser informiert sind und sich bewusster entscheiden können.

Ihre Martina Schneider

Handelsmarken – keine Marken zweiter Klasse

Es tut sich was im deutschen Lebensmittelhandel. Immer häufiger werden namhafte Markenartikel ausgelistet und von einer neuen Generation an No-Name-Produkten verdrängt – andere gängige Bezeichnungen für solche »Produkte ohne Namen« sind Handelsmarken, Eigenmarken des Handels oder, gemäß der handelsüblichen englischen Sprache: Private Labels. Jede Handelskette hat in den letzten Jahren mit Hochdruck an Qualitäts- und Premium-Eigenmarken gebastelt, die es mit der obersten Riege der etablierten Markenprodukte aufnehmen wollen. Der Preis ist dabei nicht mehr das alleinige Einkaufskriterium. Schnäppchenjagd war gestern, heute geht's auf Qualitätssuche.

Früher waren Handelsmarken in erster Linie eine Sache der Discounter, heute holen Supermärkte massiv auf. Der Trend zieht sich wie ein roter Faden durch die gesamte Branche: Die Lebensmittel tragen keine bekannten Markennamen mehr, sondern heißen reihenweise Gut & Günstig, Ja!, K-Classic, Rewe oder TiP. Vor allem B- und C-Marken – also Herstellermarken aus der zweiten Liga – sind die Opfer des No-Name-Booms und müssen ihren Platz im Supermarktregal räumen. Als Alternative landen stattdessen Handelsmarken im Einkaufswagen der Verbraucher.

Der Handel übernimmt die Regie

No-Name-Produkte sind im Besitz eines Handelshauses. Die Lebensmittel werden exklusiv für dieses Unternehmen hergestellt, der Händler kann selbst über die Qualität, Zusammensetzung, Verpackung und Preisgestaltung entscheiden. Der Lieferant ist letzten Endes nur austauschbarer Dienstleister.

Auch wenn No-Name-Produkte in der Regel zwischen 20 und 30 Prozent günstiger sind als entsprechende Markenware, bedeutet das noch lange nicht, dass sie sich in puncto Qualität hinter den bekannten Promis verstecken müssen. Hoher Preis = hohe Qualität, niedriger Preis = niedrige Qualität; diese Rechnung geht im Lebensmitteleinzelhandel schon lange nicht mehr auf.

Zum einen sind No-Names häufig Kopien von bekannten Markenartikeln. Die Food-Branche steckt jährlich rund 1,5 Milliarden Euro in die Entwicklung und Werbung neuer Produkte und legt diese Kosten dann natürlich teilweise auf den Verkaufspreis um. Wenn sich ein neues Lebensmittel allerdings erst mal im Markt etabliert hat, schießen Private Labels hinterher, die mit deutlich schmalerem Budget auskommen. Zum anderen spielt bei der No-Name-Preisgestaltung natürlich auch die gigantische Marktmacht der Big Player (große Konzerne) im Lebensmittelhandel eine Rolle. Der Handel macht den Preis.

Eine Handvoll Unternehmen wie Edeka, Metro, Rewe, Aldi und Lidl teilen sich heute 90 Prozent des Marktes – und die großen Gewinner dieses Konzentrationsprozesses sind die jeweiligen Eigenmarken der Konzerne. Da der Handel bei seinen Eigenmarken den Hersteller wechseln kann, ohne dass darunter die Markenidentität leidet, entsteht ein extrem hoher Druck auf die Lieferanten. Um im Geschäft zu bleiben, sind viele Produzenten zu massiven Preiszugeständnissen bereit, die der Handel bei seinen Eigenmarken direkt an die Verbraucher weitergibt.

Strenge Qualitätsvorgaben

Wer No-Name-Produkte produziert, muss in Sachen Qualitätsmanagement »on top« sein. So bizarr es sich auch anhören mag: Handelsmarken unterliegen besonders strikten Qualitätsvorgaben. Sie werden zweifach geprüft: Einmal vom Hersteller selbst, da dieser ja ohnehin alle gesetzlichen Vorschriften bezüglich Qualität und Hygienestandards einhalten muss. Und zum andern von den Handelsketten, die noch mal ganz eigene Vorstellungen davon haben, wie ihr Produkt beschaffen sein soll. In der Regel drückt der Handel seinen Vertragspartnern ein dickes Pflichtenheft in die Hand, bevor sie mit der Produktion beginnen dürfen. Welche Kartoffelsorten kommen bei der Chipsherstellung zum

Einsatz? Aus welchem Herkunftsland stammen die Walnüsse für das Nuss-gebäck? Wie hoch soll der Fettgehalt bei der Mayonnaise im Fleischsalat sein? Derartige Spezifikationen kann der Handel vorschreiben. Zudem wird der Produzent in der Regel dazu verpflichtet, externe Labors mit der Überprüfung der Produkte zu beauftragen.

Fast alle Lieferanten sind bereits nach »International Food Standard« zertifiziert, einem Qualitätssystem, das weit über das gesetzliche Maß hinausgeht. Damit wird die Meßlatte für Transparenz, Sicherheit und Hygiene noch ein Stückchen höher angelegt. Der Handel kann damit seinem Lieferanten zum Beispiel auch Vorgaben darüber machen, wie dessen Betriebsräume gestaltet sein sollen, welche Verpackungsmaterialien zum Einsatz kommen, wie das Abfallmanagement geregelt sein muss. Kein Risikofaktor soll bei der Lebensmittelproduktion unberücksichtigt bleiben.

Hintergrund für diese aufwendigen Maßnahmen ist natürlich auch das Produkthaftungsgesetz. Wenn beispielsweise in einer Mettwurst Salmonellen gefunden werden und auf der Ware steht: »Hergestellt für Plus, Penny, Rewe ...«, dann ist eben auch Plus, Penny oder Rewe haftbar. Und auf diese Schlagzeilen kann jedes Handelsunternehmen getrost verzichten.

Gute Noten für Billigprodukte

Die hohen Anforderungen spiegeln sich in den Analysen von Verbraucher-schutzorganisationen wie Stiftung Warentest wieder. Häufig schneiden No-Name-Produkte gleich gut oder sogar besser ab als deutlich teurere Marken-Ikonen. Und auch die Zeitschrift Ökotest bläst ins selbe Horn. »Discountermarken sind durchschnittlich nicht besser oder schlechter als Markenprodukte, oft aber nur halb so teuer«, lautet das Resümee der Frankfurter Redaktion nach jahre-langer Marktbeobachtung. Als grobe Richtlinie kann man also sagen: Grund-sätzlich »minderwertiger« sind Eigenmarken keinesfalls. Allerdings ist es manchmal nicht einfach, auf einen Blick zu erkennen, welcher Betrieb letztendlich die Ware hergestellt hat.

Markenhersteller mit Tarnkappe

Die Lebensmittelhersteller haben zwei Möglichkeiten, auf den Handelsmarken-Run zu reagieren. Entweder sie konzentrieren sich weiterhin auf das Geschäft mit ihren etablierten Marken und gehen das Risiko ein, dass ihnen nach und nach die Felle, sprich die Absatzmärkte, wegschwimmen. Oder sie kooperieren mit Handelsunternehmen, bauen sich ein zweites Standbein auf und produzieren nach Vorgabe der Kunden No-Name-Lebensmittel. Viele sehen in der zweiten Variante einen zukunftsträchtigeren Weg.

An die große Glocke wird das Private-Label-Engagement jedoch nicht gehängt. Die meisten Hersteller reden nicht gerne darüber, dass ihre Ware auch für weniger Geld bei Discountern und Supermärkten zu kaufen ist. Doch bei unseren Recherchen fanden wir zahlreiche Markenproduzenten, die auch Billig-Labels für Penny, Norma, Aldi, Lidl & Co. produzieren. Die Liste liest sich fast wie das »Who is Who« der Nahrungsmittelbranche: Bauer, Zott, Müller, Zimbo, Wiesenhof, Coppenrath & Wiese, Buko, Campina, Frosta, Hochland, Milram, Herta …

Die Undercover-Methode

Sobald ein bekannter Hersteller Handelsmarken produziert, schreibt er häufig nicht seinen eigenen Firmennamen auf die Verpackung, sondern druckt eine unbekannte Vertriebsgesellschaft aufs Etikett. Sollten Sie sich also mal die Mühe machen und auf der Verpackung nach dem Hersteller suchen, dürfte das Resultat wenig erhellend sein. Eine Alpursa GmbH beim Pulverkaffee? Ein Suppenhersteller namens Dr. König? Ein Gebäckhersteller, der Biscotto heißt? Lauter Gleichungen mit Unbekannten. Meist sind diese Betriebe jedoch nichts anderes als Tochterfirmen von großen Nahrungsmittelherstellern, die ausschließlich zu einem Zweck gegründet wurden: dem Vertrieb von No-Name-Produkten. Und damit Sie beim nächsten Einkauf die Tarnkappen auf einen Blick erkennen können, haben wir ab Seite 102 die wichtigsten »Verwandtschaftsverhältnisse« zwischen unscheinbaren Töchtern und ihren prominenten Müttern aufgelistet.

Der Schlüssel zum Schloss: die Veterinärkontrollnummer

In anderen Fällen versuchen die Hersteller, überhaupt keine Spuren zu hinterlassen. Häufig findet man auf der Verpackung nur den Hinweis: »Hergestellt für …« und dazu den Hauptsitz des Handelsunternehmens. Trotzdem steht auch in diesen Fällen ein Hintertürchen offen, mit dem sich das Geheimnis der Herkunft lüften lässt. Denn bei allen abgepackten Milch-, Fleisch- oder Fischerzeugnissen, die innerhalb des Europäischen Binnenmarktes verkauft werden, muss auf der Verpackung eine sogenannte Veterinärkontrollnummer (ein Genusstauglichkeitskennzeichen) angegeben werden. Hintergrund dieser Kennzeichnung ist der Schutz der Verbraucher vor verdorbenen oder anderweitig ungenießbaren Nahrungsmitteln. Bei Lebensmittelskandalen lässt sich auf diese Weise sofort ermitteln, woher die Ware stammt, so dass man Nachforschungen und Rückrufaktionen starten kann. Mehr dazu steht auf Seite 106.

Gleicher Hersteller, gleicher Inhalt?

Zuweilen sind die Übereinstimmungen zwischen No-Name- und Markenprodukt frappierend. Hier lassen sich weder in Aussehen und Geschmack noch anhand der Zutatenliste große Unterschiede ausmachen. Doch meistens werden Eigenmarken des Handels nach speziellen Produktions- und Rezepturvorgaben des Kunden produziert. Ein Tiefkühlgerichte-Hersteller verzichtet z. B. bei seinen eigenen Markenprodukten konsequent auf Farb-, Aroma- oder Konservierungsstoffe. Doch sobald die Produktionsbänder auf »No-Name-Ware« umschalten, können Zusatzstoffe zum Einsatz kommen. Der Panade von Fischstäbchen wird dann z. B. ein rötlicher Farbstoff zugesetzt, um der Kruste eine appetitlichere Färbung zu verleihen. Die mexikanische Westernpfanne erhält dann z. B. Raucharomen, um den Barbecue-Geschmack zu intensivieren. Derartige Vorgaben stammen vom jeweiligen Handelskunden; der Hersteller ist quasi nur noch Lohnproduzent, der sich nach den Wünschen des Kunden richtet.

So haben wir getestet

→ Anfang 2009 haben wir in elf verschiedenen Discountern und Supermärkten in Nordrhein-Westfalen und Bayern insgesamt 160 No-Name-Produkte und ihre entsprechenden Markenprodukte gekauft. Bei der Auswahl haben wir darauf geachtet, dass beide Lebensmittel vom gleichen Hersteller bzw. von der gleichen Firmengruppe/Muttergesellschaft etc. stammen. Indizien für Firmenverflechtungen waren unter anderem die Veterinärkontrollnummer, Adressangaben oder entsprechende Eintragungen im Handelsregister.

→ Wenn möglich, haben wir Ware mit gleicher Verkehrsbezeichnung gewählt. Häufig fanden wir zur Billigmarke ein ähnliches Markenpendant. Allerdings gab es nicht in jedem Fall eine »Eins-zu-Eins«-Entsprechung. In diesen Fällen haben wir zumindest auf ähnliche Zusammensetzung geachtet.

→ Selbst wenn bei unseren Produktpärchen die Zutatenlisten übereinstimmend sind, lässt sich daraus nicht der Rückschluss ziehen, dass auch der Inhalt identisch ist. Rein theoretisch könnte ein No-Name-Produkt nach der gleichen Rezeptur wie sein Markenpendant hergestellt werden, allerdings mit anderen Rohstoffen. Beim Vergleich von Handelsmarken und Herstellermarken greift prinzipiell der Grundsatz: Nur wo die Marke draufsteht, ist auch die Marke drin.

→ Bei Produkten mit Veterinärkontrollnummer listen wir diesen Code mit auf. Wundern Sie sich nicht darüber, wenn Marken- und No-Name-Produkt manchmal verschiedene Kennziffern haben, wir sie aber trotzdem geschwisterlich gegenüberstellen. Das bedeutet lediglich, dass ein Lebensmittelhersteller verschiedene Produktionsstätten besitzt. Der Feinkosthersteller Nadler hat z. B. in Deutschland drei Werke, und jedes Haus verfügt über seinen eigenen Code.

→ Bei jedem Beispiel geben wir die prozentuale Preisersparnis an, die sich bei unserem Einkauf von Marken- zu No-Name-Produkt ergeben hat. Unterschiedliche Füllmengen haben wir bei der Berechnung selbstverständlich berücksichtigt. Da es sich bei unseren Marktbeobachtungen um regionale Momentaufnahmen handelt, kann Ihr eigener Einkauf andere Ergebnisse zeigen.

Aldi

Aldi ist Deutschlands beliebtester Discounter, drei von vier Haushalten kaufen hier ein. Gründungsväter des »Phänomens Aldi« sind die Brüder Karl und Theodor Albrecht, die aus einem winzigen Kramerladen in einem Essener Bergarbeiter-Viertel eines der 15 größten Handelsunternehmen der Welt geschmiedet haben.

Auf der legendären »Forbes«-Liste der Milliardäre nimmt Karl Albrecht Platz sechs ein, Theo Platz neun.

Aufgebaut wurde das Weltreich der öffentlichkeitsscheuen Brüder in den 1950er Jahren, als die Albrechts in ihren »Aldi«-Lebensmittelgeschäften Massenware zu Niedrigstpreisen anboten. Dabei führten sie eine bis dato unbekannte Preiskalkulation ein. Früher war es üblich, Stammkunden einen Nachlass von drei Prozent zu gewähren, wenn sie dem Händler am Jahresende alle gesammelten Rechnungen vorlegten. Die findigen Unternehmer stellten dieses Prinzip auf den Kopf und ließen in ihren Läden den eingeräumten Rabatt von vornherein in die Kalkulation mit einfließen. Sukzessive verbreiteten die Kaufleute nach dieser Methode ihre anspruchslos ausgestatteten Kaufhallen im gesamten Bundesgebiet.

Als der Billigriese Anfang der 1960er Jahre auf 300 Geschäfte angewachsen war, teilten die Geschwister ihr Imperium in zwei rechtlich und finanziell voneinander unabhängige Konzerne auf: Aldi Nord und Aldi Süd. Der »Aldi-Äquator« verläuft seitdem quer durch Nordrhein-Westfalen und Hessen und schlängelt sich über Borken und Siegen an Kassel vorbei. Die neuen Bundesländer gehören fast vollständig zur Nord-Schiene.

Bei Aldi Süd ist das Logo orange umrandet, bei Aldi Nord dominieren die Farben Blau und Rot. Ansonsten sind die Unterschiede kaum wahrnehmbar. Von Flensburg bis Berchtesgaden sehen die Läden sehr ähnlich aus, das Sortiment ist auf den ersten Blick ebenfalls vergleichbar. Als Verbraucher wirft man beide Unternehmen in einen Topf und geht eben einfach »zu Aldi«. Bei genauerem Hinsehen gibt es natürlich trotzdem verschiedene Ausrichtungen.

Aldi Süd führt beispielsweise deutlich mehr Markenware und hat ein breiteres Sortiment an Bioprodukten und vegetarischen Erzeugnissen. Im Norden ticken die Uhren etwas anders. Die Essener Aldi-Manager gelten als weniger innovativ und experimentierfreudig und halten in puncto Sortimentspolitik primär an allem fest, was sich in der Vergangenheit bewährt hat.

Da Aldi seine Bilanzen erst mit knapp zweijähriger Verspätung veröffentlicht, stammen die aktuellsten Zahlen aus dem Jahr 2007. Laut neuesten Informationen der Fachzeitschrift Lebensmittel Praxis verfügte Aldi Nord in Deutschland zu diesem Zeitpunkt über ein Filialnetz von 2 525 Läden und einem durchschnittlichen Filialumsatz von 3,87 Mio. Euro. Aldi Süd dagegen kam mit 1 710 Geschäften auf einen Schnitt von 6,71 Mio. Euro.

Als ausgemachte Hard-Discounter operieren beide Konzerne seit Jahrzehnten nach klassischem Muster: Straffes Sortiment, wenig Personal, einfache, kostengünstige Warenpräsentation. Im Prinzip werden nur Produkte gelistet, die sich schnell umschlagen. Echte Markenartikel machen nur einen Bruchteil des Sortiments aus und lassen sich vor allem im Süßwarenregal finden. 80 bis 90 Prozent des Warenangebots sind dagegen Eigenmarken, die speziell für Aldi produziert werden. Teilweise sind die Absatzmengen so gigantisch – wie beispielsweise beim Waschmittel »Tandil« – dass mehrere Produzenten mit im Boot sitzen.

Beim Eigenmarkensortiment von Aldi Nord und Aldi Süd gibt es viele Überschneidungen. »Gemeinsam sind wir stark« lautet die Strategie der Einkäufer. Beide Konzerne lassen sich gerne vom gleichen Hersteller beliefern und geben den Produkten dann lediglich eine andere Verpackung und einen anderen Namen. Diese bewusste Bündelung des Einkaufsvolumens hat natürlich einen guten Grund: Wer hohe Mengen abnimmt, kann die Preise drücken.

Im Gegensatz zu vielen anderen Private Labels wird auf jeder Aldi-Handelsmarke ein Herstellername angegeben. Mit Glück handelt es sich dabei um den richtigen Namen des Lebensmittelproduzenten. Häufig kommt jedoch auch die »Undercover-Methode« zum Zug, bei der sich ein Markenhersteller hinter seiner unbekannten Tochterfirma verschanzt. Auf den folgenden Seiten können Sie einige Paradebeispiele dieser Verschleierungstaktik kennenlernen.

Schokoküsse

Choceur Riesen Schoko Küsse
WIHA GmbH, 33780 Halle (Westf.)

Storck Super Dickmann's
August Storck KG, 33788 Halle (Westf.)

Info »Mann, ist der Dickmann!« Vielleicht kommt
Ihnen dieser Slogan demnächst auch beim Biss in einen
Aldi-Schokokuss in den Sinn. Denn über die Tochterfirma WIHA beliefert Storck seit vielen Jahren
den Discounter mit No-Name-Süßwaren. Der gleiche
Produktionsstandort bedeutet allerdings nicht
zwangsläufig die gleiche Rezeptur: Die Zutatenlisten
beider Schaumküsse sind unterschiedlich.

− 44 %

Knabberartikel

Sun Snacks Crackets Knabber Box
snack and smile Company GmbH,
22094 Hamburg

gold fischli Maxi Mix
Wolf Snack und Gebäck GmbH,
64665 Alsbach

Info Die Wolf Snack und Gebäck GmbH
gehört zum Marktführer Intersnack Knabber-Gebäck
GmbH & Co. KG, der neben gold fischli so bekannte
Marken wie funny-frisch, Chio oder Pom-Bär im Portfolio
hält. Undercover beliefert diese Unternehmensgruppe
über verschiedene Kanäle fast alle wichtigen deutschen
Handelsunternehmen mit No-Name-Knabbereien.

− 45 %

Frischkäse

Beneval Frischkäse Fass
Bonifaz Kohler GmbH, 88161 Lindenberg/Allgäu
Veterinärkontrollnummer: DE BY 123 EG

Hochland Almette Frischkäse
Hochland, 88178 Heimenkirch/Allgäu
Veterinärkontrollnummer: DE BY 123 EG

Info Bei Frischkäse verzeichnen Handelsmarken ein
zweistelliges Wachstum, während Markenartikel deutliche
Umsatzrückgänge verbuchen müssen. Letztendlich dürften
derartige Entwicklungen für Hochland zu verschmerzen
sein, denn über seine Tochterfirma Bonifaz Kohler produziert der Familienbetrieb neben Markenware auch
No-Name-Duplikate.

− 22 %

Quarkzubereitung

Desira Frucht Juniors
Lactona GmbH, 81703 München
Veterinärkontrollnummer: DE MV 001 EG

Danone Frucht Zwerge
Danone GmbH, 81703 München
Veterinärkontrollnummer: DE MV 001 EG

Info 24 000 Tonnen Fruchtzwerge setzt
Danone jährlich allein in Deutschland ab;
kein Wunder, dass bei diesen riesigen
Chargen eine eigene Produktionsstätte nötig
ist. Doch offensichtlich hat das Fruchtzwerge-
Werk im mecklenburgischen Hagenow auch
noch Kapazitäten für Discount-Ware frei, denn die Desira-Variante trägt den gleichen
Veterinärkontrollstempel wie das viel beworbene Markenprodukt.

− 54 %

Chips

Sun Snacks Stapelchips
Hergestellt für: IBU GmbH,
63233 Neu-Isenburg

Lorenz Chipsletten
The Lorenz Bahlsen Snack-World,
63263 Neu-Isenburg

Info Pikante Knabberartikel und süßes Gebäck
sind bei Bahlsen seit 1999 zwei getrennte Ge-
schäftsfelder. Kekse werden von der Bahlsen KG
produziert, Chips, Flips & Co. von The Lorenz
Bahlsen Snack-World. Auch wenn darüber nicht
gerne geredet wird, produzieren beide Firmen-
sparten neben ihren Traditionsmarken auch
No-Name-Lebensmittel. Bei Aldi-Süd wird der
Deal unter anderem über die IBU GmbH abgewickelt.

– 27 %

Joghurt-Fruchtgummis

Sweetland Joghurt Früchtchen
Hergestellt für Smile Factory GmbH, 46428 Emmerich

Katjes Yoghurt Gums
Katjes Fassin GmbH & Co. KG, 46426 Emmerich

Info Hier ist die Sache ganz einfach: Wenn Sie im
Internet die »Smile Factory« aus Emmerich eingeben,
landen Sie automatisch auf der Website von Katjes. Das
Familienunternehmen aus dem Rheinland pflegt seit vielen
Jahren gute Verbindungen zu Aldi und beliefert den
Discounter außer mit Joghurtfrüchtchen auch mit
Fruchtgummis und Lakritzleckereien.

– 25 %

Salzstangen

Sun Snacks Salzstangen
Paulchen, 35096 Weimar

Pauly Snackbox
Pauly GmbH & Co. KG,
61365 Friedrichsdorf

Info In großen Supermärkten ist die Firma Pauly durchaus mit ihren eigenen Markenprodukten vertreten, doch schwerpunktmäßig produziert das hessische Unternehmen Salzstangen und -brezeln für Discounter. Rund 40 Tonnen Snacks und Knabberartikel laufen am Standort Weimar-Wenkbach täglich vom Band; ein beachtlicher Teil davon dürfte bei Aldi landen.

– 53 %

Dosensuppe

Primana Feine Tomaten-Rahmsuppe
Dr. H. König, 23560 Lübeck

Erasco Strauchtomaten-Basilikum-Suppe
Campbell's Germany, 23560 Lübeck

Info Lassen Sie sich nicht von dem Firmennamen Dr. H. König irritieren. In Lübeck ist der Stammsitz von Erasco (der wiederum zum weltgrößten Suppenhersteller Campbell Soup Company gehört), und natürlich zählt auch Dr. König zu dieser Firmengruppe. Der Schwerpunkt von Erasco liegt allerdings nach wie vor auf dem eigenen Markengeschäft. No-Name-Suppen sollen nur rund 15 Prozent des Umsatzes ausmachen.

– 47 %

Margarine

Bellasan Vitareform Margarine
Walter Rau Lebensmittelwerke GmbH & Co. KG,
49176 Hilter

Deli Reform Margarine
Walter Rau Lebensmittelwerke GmbH & Co. KG,
49171 Hilter

Info Deli Reform ist nach Firmenangaben die
Nummer eins unter den Reform- und Diätmargarinen
und heimste 2008 bei einem Test von Stiftung
Warentest den Titel als beste Markenmargarine
Deutschlands ein. Vom Know-how des westfälischen
Herstellers können allerdings auch Verbraucher
profitieren, die zur Discount-Variante greifen: Bellasan
stammt ebenfalls aus Hilter.

− 29 %

Gewürze

Le Gusto Pfeffer gemahlen
Spice Gewürzhandelsgesellschaft mbH, 33612 Bielefeld

Alba Pfeffer gemahlen
Alba Gewürze, 33512 Düsseldorf

Info Sobald in einem Firmennamen das Wort
»Handel« auftaucht, können Sie stutzig werden. In der
Regel steckt dann die No-Name-Vertriebsschiene eines
großen Markenherstellers dahinter. So läuft es auch bei
der Gewürzfirma Alba: Die Spice Gewürzhandelsgesellschaft fungiert lediglich als Absatzkanal für Discount-
Labels.

− 89 %

Tiefkühl-Kuchen

Teviana Pflaumen-Kuchen
Backfrost Caldino GmbH, 49497 Mettingen

Coppenrath & Wiese Pflaumenkuchen
Coppenrath & Wiese GmbH & Co. KG,
49076 Osnabrück

Info Über den Nobody »Backfrost Caldino« gibt
das Handelsregister von Steinfurt Auskunft: »Diese
Firma ist ausschließlich als Handelsgesellschaft für
die Muttergesellschaft Conditorei Coppenrath &
Wiese in Osnabrück tätig.« Somit erklären sich die
Ähnlichkeiten zwischen No-Name- und Markenprodukt ganz von selbst ...

− 21 %

Süßer Senf

Haberland Hausmacher Senf Süß
Haberland Marketing GmbH, 93197 Zeitlarn

Händlmaier's Weißwurst Senf
Luise Händlmaier GmbH & Co. KG,
93057 Regensburg

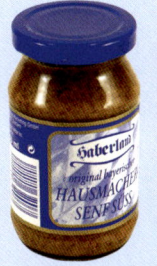

Info Für eine Marketinggesellschaft
präsentiert sich die Firma Haberland im
Internet äußerst spröde. Außer einer
Kontaktadresse gibt die Firma auf ihrer Website keinerlei Informationen über sich
preis. Wozu auch? Das Unternehmen dient vor allem als Vertriebsweg für Discount-
Produkte von Händlmaier, Deutschlands Marktführer im Bereich süßer Senf.

− 63 %

Sekt

Erlenbrunn Riesling Sekt
Sankt Florin Sektkellerei GmbH, 56068 Koblenz

Deinhard Medium Dry
Deinhard Sektkellerei KG, 56068 Koblenz

Info »Wo ist der Deinhard?« Vielleicht bei Aldi –
denn der Discounter- und der Markensekt haben
mehr Gemeinsamkeiten als man denkt. Deinhard ist
über seine Sankt Florin Sektkellerei langjähriger
Haus- und Hoflieferant bei Aldi Süd. Ein Schnäppchen kann man damit allerdings nicht machen: Die
Preise sind in der Regel gleich.

– 0 %

Gebäck

Choco Bistro Butterkeks
Biscotto GmbH, 30006 Hannover

Leibniz Butterkeks
Bahlsen, 30001 Hannover

Info Die Biscotto GmbH sitzt in Hannover ... und eigentlich
erübrigt sich bei der Erwähnung dieses Ortes jede weitere
Erklärung. Hannover ist Bahlsen und natürlich werden hier auch
die Aldi-Kekse produziert. Wenn Sie Wert auf die »52 Zähne«
eines echten Leibnitz-Kekses legen,
müssen Sie natürlich zum Original
greifen. Doch ansonsten ist sicher
auch die Choco-Bistro-Alternative
von guter Qualität.

– 69 %

Brot

Wefa Bauernschnitten
Wefa Brot GmbH,
52146 Würselen

Kronenbrot Weizenmischbrot
Kronenbrot KG,
52146 Würselen

Info Brot, ein absoluter Frischeartikel, stammt je nach Region von unterschiedlichen Betrieben. In Nordrhein-Westfalen ist die bekannte Großbäckerei Kronenbrot mit von der Partie – auch wenn auf der Verpackung eine »Wefa Brot GmbH« angegeben ist. Laut Handelsregister Aachen ist Wefa »nur eine Vertriebsgesellschaft der Kronenbrot KG«.

– 64 %

Mozzarella

Cucina Mozzarella
Zoma, 89304 Günzburg
Veterinärkontrollnummer: DE BY 721 EG

Zott Zottarella
Zott, 86690 Mertingen
Veterinärkontrollnummer: DE BY 721 EG

Info Bei Mozzarella greifen mittlerweile die meisten Verbraucher zum No-Name-Produkt, der Marktanteil liegt bereits bei 72 Prozent. Zott stellt sich flexibel auf diesen Trend ein: Über die eigene Marke Zottarella werden vor allem Spezialitäten wie fettreduzierte oder mit Basilikum angereicherte Sorten sowie ausgefallene Portionsgrößen angeboten. Das Private-Label-Geschäft mit herkömmlichem Mozzarella wird über die Tochterfirma Zoma bedient.

– 43 %

Käse

Alpenmark Pfefferring
Danland Foods, DK-8260 Viby
Veterinärkontrollnummer: DK M 277 EC

Arla Tolko Pfefferring
Arla Foods amba, DK-8260 Viby
Veterinärkontrollnummer: DK M 277 EC

Info Der Aldi-Pfefferring ist um ein Viertel günstiger als das Markenprodukt von Arla. In puncto Geschmack dürften sich die beiden Käsespezialitäten allerdings nicht gravierend voneinander unterscheiden: Die Zutatenlisten sind identisch. Über die Firma Danland Foods vermarktet die dänisch-schwedische Molkerei bei Aldi ihre Private Labels.

– 24 %

Löslicher Kaffee

Belmont löslicher Kaffee Premium
Alpursa Lebensmittel GmbH, 60523 Frankfurt

Nescafé Gold löslicher Kaffee
Nestlé Deutschland AG, 60523 Frankfurt

Info Nescafé ist eine der bekanntesten und beliebtesten Marken vom Weltkonzern Nestlé. Und obwohl dieser Geschäftszweig nicht an die große Glocke gehängt wird, mischt der Konzern auch bei Private Labels mit. Über seine Alpursa Lebensmittel GmbH beliefert Nestlé Aldi-Süd mit löslichem Kaffee und Cappuccino-Pulver.

– 52 %

Brotaufstrich

Le Gusto vegetarischer Brotaufstrich
De-Vau-Ge Gesundkostwerk GmbH, 21306 Lüneburg

granoVita vegetarische Biopaste
Granovita GmbH, 87751 Heimertingen

Info Falls Sie öfter im Reformhaus einkaufen, kennen
Sie sicher die Produkte von granoVita, Bruno Fischer oder
Martin Evers. Das Aldi-Label Le Gusto würden Sie mit
diesen Namen wohl nicht verbinden, trotzdem gibt es
zwischen Discount- und Reformhausprodukten eine
gemeinsame Klammer: Sämtliche Waren stammen
letztendlich von der Firma De-Vau-Ge Gesundkostwerk.

– 55 %

Rotwein

Burlwood Cabernet Sauvignon California
Vinted & Bottled by E. & J. Gallo Winery,
Modesto, CA, USA

Ernest & Julio Gallo Cabernet Sauvignon California
Vinted and bottled by Gallo Family Vineyards,
Modesto, CA, USA

Info Mit über 170 Weingütern ist das Unternehmen
»Ernest & Julio Gallo« weitweit einer der größten
Weinproduzenten und -exporteure und beliefert auch
Aldi mit kalifornischem Rotwein. Früher lief der Handel
undercover über eine Firma namens Burlwood Cellars,
mittlerweile geht's ohne Versteckspiel: Gallo wird auf
dem Etikett offen als Produzent benannt.

– 48 %

Nudeln

Landvogt Frischei-Nudeln mit reinem Hartweizengrieß
T.A.G. Nahrungsmittel GmbH, 71304 Waiblingen

Birkel Hörnchen mit Hartweizen
Birkel Teigwaren GmbH, 68070 Mannheim

Info Auf den ersten Blick würde man nicht auf die Idee kommen, dass hinter der T.A.G. Nahrungsmittel GmbH Deutschlands größter Nudelhersteller, die Birkel AG, steckt. Doch die Werksverkauf-Adresse von Birkel führt auf die richtige Spur, denn Markennudeln zum Schnäppchenpreis gibt es im Schüttelgrabenring 3b in Waiblingen. Und genau hier sitzt eben auch die Firma T.A.G.

− 48 %

Blätterteig

Wonnemeyer Feinkost Frischer Blätterteig
Landmanns GmbH, 91183 Abenberg

Henglein Frischer Blätterteig
Henglein GmbH, 06647 Klosterhäseler

Info Der Blätterteig von Aldi hat gemeinsame Wurzeln mit dem Markenprodukt von Henglein, denn die Firma Landmanns ist jener Teil der Hans Henglein & Sohn GmbH, der auf die Herstellung von Convenience-Produkten für den Discount-Bereich spezialisiert ist. Produziert wird sowohl im bayerischen Stammhaus in Abenberg als auch in Klosterhäseler in Sachsen-Anhalt.

− 31 %

Tiefkühl-Backwaren

Mini-Berliner mit fruchtiger Himbeerfüllung
Backfrost Caldino GmbH, 49497 Mettingen

**Coppenrath & Wiese Mini-Berliner
mit Himbeerkonfitüre**
Conditorei Coppenrath & Wiese GmbH & Co.
KG, 49076 Osnabrück

Info Nicht nur Aldi Süd lässt sich von Coppenrath &
Wiese beliefern, wie Sie wenige Seiten zuvor erfahren
haben, sondern auch Aldi Nord. Europas größter Hersteller von tiefgekühlten Kuchen räumt auf Medienanfragen offen ein: »Ja, wir sind einer von mehreren
Lieferanten für Aldi.« Zur Differenzierung setze man
unterschiedliche Produktgrößen und Produktgewichte
ein, Abstriche an der Qualität mache man jedoch nicht,
heißt es aus Osnabrück.

– 39 %

Kräuterbitter

Mümmelmann Jagdbitter
Fr. Nienhaus Nachf. GmbH,
13503 Berlin

Underberg Kräuter-Bitter
Underberg KG,
47493 Rheinberg/Rhld.

Info Eines gleich vorweg: Die Rezepturen beider Kräuter-Bitter sind vollkommen
unterschiedlich. Trotzdem stammt auch das Aldi-Produkt aus dem Hause Underberg.
Denn der Discounter-Lieferant mit dem eigenartigen Namen Fr. Nienhaus Nachf.
GmbH besitzt nicht nur in Berlin eine Niederlassung, sondern zufälligerweise auch
in der Hubert-Underberg-Allee 1 in Rheinberg.

– 67 %

Meerrettich

delikato Tafel-Meerrettich
Meerrettich-Vertrieb EM, 91081 Baiersdorf

Schamel Meerrettich
Schamel Meerrettich, 91081 Baiersdorf

Info »Keine Auskunft«, heißt es auf Medienanfragen zum
Thema No-Name-Produktion beim Meerrettich-Hersteller
Schamel. Doch die Firmenadresse der Meerrettich-Vertrieb EM
spricht Bände: Postfach 25, 91081 Baiersdorf. Und just an diese
Adresse lässt sich auch Schamel seinen Schriftverkehr schicken.

– 60 %

Spanischer Sekt

Cava Delmora
Vertrieb durch FWE GmbH, 65193 Wiesbaden

Freixenet Cava
Freixenet S.A., ES-Sant Sadurni d'Anoia

Info Der spanische Aldi-Sekt wird von der völlig
unbekannten Firma Ferrer Wine Estate, kurz FWE,
vermarktet. Interessant wird die Sache erst mit Blick
auf den weltweit größten Cava-Hersteller Freixenet,
denn der katalanische Familienclan trägt ebenfalls
den Namen »Ferrer«. Über FWE deckt das renommierte
Unternehmen seine Handelsmarken-Sparte ab.

– 35 %

Aufbackbrötchen

Goldähren Bäckerbrötchen
Brotland GmbH,
22859 Schenefeld

Harry Meisterkrüstchen
Harry-Brot GmbH,
22859 Schenefeld

Info »Harry-Brot erzielte in
den letzten drei Jahren eine
Umsatzsteigerung von 30 Prozent. Der Umsatz lag 2008 bei 645 Millionen Euro«,
vermeldet Deutschlands zweitgrößter Industriebäcker. An diesem starken Wachstum dürften Handelsmarken einen maßgeblichen Anteil haben, denn Harry
produziert neben dem eigenen Label für viele Vollsortimenter und Discounter
No-Name-Backwaren.

— 56 %

Knäckebrot

Trader Joe's Vollkornknäcke
good food GmbH, 84003 Landshut

Burger Urtyp
Burger Knäcke GmbH & Co. KG, 39288 Burg

Info Knäckebrot-Liebhaber in den alten Bundesländern greifen am liebsten zu Wasa, in den neuen
Bundesländern ist dagegen Burger-Knäcke das non
plus ultra. Das Traditionsunternehmen Burger gehört
seit über zehn Jahren zur Brandt-Gruppe (Zwieback,
Schokolade ect.) und produziert seine knusprigen
Teigfladen sowohl als Marken- als auch als Discount-
Variante.

— 17 %

Schokobrötchen

Schokobrötchen
ProBack GmbH, 52146 Würselen

Ibis Schokobrötchen
ProBack GmbH, 52146 Würselen

Info Schokobrötchen statt belegter Stulle – vor allem bei Kindern stehen die abgepackten süßen Backwaren hoch im Kurs. Ob dem Nachwuchs allerdings das original Ibis-Brötchen in den Tornister gepackt wird oder die Aldi-Variante, dürfte keinen allzu großen Unterschied machen: Die Zutatenlisten sind identisch.

– 8 %

Cappuccinopulver

Moreno family Cappuccino
Krüger GmbH & Co. KG,
51469 Bergisch Gladbach

Krüger Cappuccino
Krüger GmbH & Co. KG,
51469 Bergisch Gladbach

Info Die Krüger-Gruppe spricht ganz offen darüber: »Wir gelten als einer der großen Entwickler und Hersteller im Private-Label-Bereich. Unsere Geschäftspartner profitieren von einem weiten Leistungs- und Erfahrungsradius, von unserem hohen Qualitätsanspruch, partnerschaftlichen Beziehungen und einem stetigen Transfer-Know-How.«

– 32 %

Feinkostsalat

Delikato Fleischsalat
Christian Wunner GmbH, 49197 Dissen
Veterinärkontrollnummer: DE EV 025

Homann Feiner Fleischsalat
Homann Feinkost, 49197 Dissen
Veterinärkontrollnummer: DE EV 025

Info Sieben Millionen Euro brutto im Jahr gibt Homann allein für TV-Spots aus, berichtet die Lebensmittel Zeitung – offensichtlich mit durchschlagendem Erfolg: Beim Fleischsalat sei der Absatz während der jüngsten Werbeperiode um über 80 Prozent angestiegen. Vielleicht würde der prominenten Werbeträgerin Barbara Schöneberger auch der Aldi-Fleischsalat munden. Schließlich kommt dieses Produkt ebenfalls aus dem Hause Homann.

− 50 %

Senf

Heiden Düsseldorfer scharfer Senf
v. d. Heiden GmbH, 40004 Düsseldorf

Löwensenf
Düsseldorfer Löwensenf GmbH, 40004 Düsseldorf

Info Wenn bei Ihrer Grillparty nur Löwensenf auf den Tisch kommt, sind Sie in bester Gesellschaft. Mit über 50 Prozent Marktanteil ist Löwensenf extra der meistverkaufte scharfe Senf in Deutschland. Sie könnten es beim nächsten Barbecue allerdings auch mal mit der Aldi-Variante versuchen: Discounter- und Markenprodukt haben die gleiche Herkunft.

− 56 %

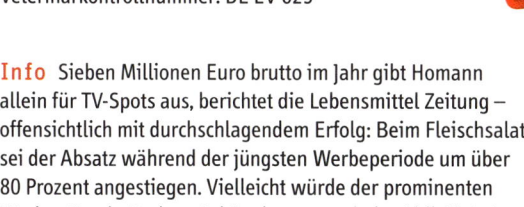

Aldi Nord

Tiefkühl-Backwaren

Meisterstücke Schmand-Mandarinen-Kuchen
S&P GmbH & Co. KG, 99880 Waltershausen

Thoks Schmandkuchen Mandarine
Thoks GmbH, 99880 Waltershausen

Info Die thüringische Firma Thoks produziert tiefgekühlte Hefekuchen und hat sich seit ihrer Gründung im Jahr 1998 einen festen Platz in den Truhen der Supermärkte erobert. Um die Produktionskapazitäten auszulasten, werden unter dem Pseudonym »S&P« auch Discounter-Backwaren produziert.

− 20 %

Aldi Nord

Frischkäsezubereitung

Jogging Frischkäsezubereitung
Wesa Feinkost GmbH & Co. KG, 31868 Ottenstein
Veterinärkontrollnummer: DE NI 107 EG

Petrella Milchmischerzeugnis
Petri-Feinkost GmbH & Co. KG, 31868 Glesse
Veterinärkontrollnummer: DE NI 107 EG

Info »Petrella ... noch frischer wär' unverschämt.« Mit diesem Slogan bewirbt der Hersteller Petri-Feinkost sein beliebtes Milchmischerzeugnis und widmet dem Produkt sogar eine eigene Website. Ganz ohne Werbekosten kommt dagegen die »Jogging«-Alternative aus, die laut Veterinärkontrollnummer aus dem gleichen Produktionsbetrieb stammt.

− 30 %

Reis

Parboiled Reis
Neuss & Wilke GmbH,
45801 Gelsenkirchen

Müller's Mühle Langkornreis
Müller's Mühle, 45801 Gelsenkirchen

Info Eine Reismühle namens
Neuss & Wilke in Gelsenkirchen?
Völlig unbekannt. In der Schalke-
Stadt gibt es nur einen großen Hersteller, der auf die Verarbeitung von Reis und
Hülsenfrüchten spezialisiert ist, und das ist kein geringerer als Müller's Mühle. Unter
dem eigenen Label bringt der Markenhersteller vornehmlich hochpreisige Delikates-
sen wie Basmati-, Jasmin- oder Wildreis auf den Markt; für Handelsketten produziert
man Standardsorten.

– 44 %

Gebäck

Mandel-Hörnchen
F. A. Crux GmbH & Co. KG, 52001 Aachen

Lambertz Mandel-Hörnchen
Aachener Printen- und Schokoladenfabrik Henry Lambertz GmbH & Co. KG,
52001 Aachen

Info Lambertz vermarktet seine
Produkte nicht über TV-Spots, sondern
über Events. Legendär ist die jährliche Lambertz Schoko Night, auf der Models und
Promis ausgefallene Mode mit einer Extraportion Schokolade präsentieren. Der Alltag
ist weniger glamourös: Das Gros seiner Produkte setzt Lambertz über Discounter ab.
Aldi, Lidl & Co. zählen zur Stammkundschaft.

– 20 %

Bratheringe

Delikato Delikatess Bratheringsfilets
Marner Feinkost Vertriebs GmbH, 25709 Marne
Veterinärkontrollnummer: DE SH EFB 013 EG

Friesenkrone Gebratene Heringsfilets
Marner Feinkost Vertriebs GmbH, 25709 Marne
Veterinärkontrollnummer: DE SH EFB 013 EG

Info Die Firma Marner Feinkost ist ausschließlich auf die Veredelung von Heringen
spezialisiert und beliefert die Gastronomie und den Einzelhandel mit Fischdelikates-
sen unter der Traditionsmarke Friesenkrone. Bei Aldi hat das Kind mit »Delikato«
zwar einen anderen Namen, doch das Elternhaus ist dasselbe.

– 40 %

Feinkostsalat

Ofterdinger Putenbrust-Salat
Türk & Pabst GmbH, 46240 Bottrop

Nadler Hähnchenbrust-Salat
Nadler Feinkost GmbH, 46240 Bottrop

Info »Um es einmal so zu formulieren:
Private Labels haben für uns eine nicht
unbedeutende Rolle. Das ergibt sich schon
aus einem Handelsmarkenanteil im Markt
von mehr als 50 Prozent. Türk & Pabst ist daher für uns eine unverzichtbare
Preiseinstiegsmarke.« So klar bekennt sich der Feinkosthersteller Nadler in
einem Interview mit der Lebensmittel Praxis zu seiner No-Name-Ausrichtung.

– 52 %

Paprika-Chips

feurich Chips Paprika
snack and smile Company GmbH,
22094 Hamburg

Chio Chips Paprika
Chio-Chips Knabberartikel GmbH,
67227 Frankenthal

Info Firmensitz der snack and
smile Company ist die Gruson-
straße 51 in Hamburg. Daran wäre
auf den ersten Blick nichts Ver-
dächtiges, doch bei näherem Hinsehen ergeben sich interessante Parallelen zu den
Markenartikelherstellern Chio-Chips bzw. funny frisch. Denn sämtliche Firmen
gehören zur Intersnack Knabber-Gebäck GmbH & Co. KG, die an obiger Adresse ein
Vertriebsbüro unterhält.

− 66 %

Schoko-Creme

Grüne Aue Schoko-Creme auf Sahne
Grüne Aue Molkerei, 47439 Moers
Veterinärkontrollnummer: DE NW 303 EG

Dr. Oetker Wölkchen Schoko-Creme auf Sahne
Dr. August Oetker Nahrungsmittel KG, 33547 Bielefeld
Veterinärkontrollnummer: DE NW 303 EG

Info Seit Dr. Oetker die Molkerei Onken übernommen hat,
steckt der Konzern in einer Zwickmühle. Denn eigentlich
macht Oetker um die Produktion von Handelsmarken einen
großen Bogen. Doch da Onken unter dem Deckmäntelchen
»Grüne Aue Molkerei« langjähriger Geschäftspartner von
Aldi war, werden die Kontrakte derzeit auch unter den
neuen Besitzverhältnissen fortgeführt.

− 55 %

Cashew-Kerne

Trader Joe's Cashews
Fa. Griff GmbH, 59939 Olsberg

Ültje Cashew-Kerne
Ültje GmbH, 58207 Schwerte

Info Die Ültje GmbH ist ein Unternehmen von »The Nut Company«, Europas größtem Nussverarbeiter, der auch die Marken Felix und Pittjes produziert. Neben dem Stammhaus in Schwerte werden die pikanten Knabbereien auch im sauerländischen Olsberg hergestellt. »Überraschenderweise« teilen sich in diesem Ort der Marktführer TNC und der Aldi-Lieferant Griff die gleiche Adresse: Beide logieren in der Industriestraße 3.

− 48 %

Kekse

Biscotto Schoko Duo
Biscotto GmbH, 30006 Hannover

Leibnitz Butterkeks Choco Vollmilch
Bahlsen, 30001 Hannover

Info Bahlsen ist über seine Tochtergesellschaft Biscotto seit vielen Jahren bei Aldi gelistet. Auf die Frage eines FAZ-Redakteurs, ob man bei Aldi den gleichen Bahlsen-Keks bekomme, »nur in anderer Verpackung und halb so teuer«, antwortete Firmenchef Werner M. Bahlsen allerdings abwehrend: »Nein, das sind andere Produkte mit anderen Rezepturen.«

− 42 %

Dosengemüse

Junge Erbsen extra fein
BFP GmbH, 72766 Reutlingen

Bonduelle Gartenerbsen
Bonduelle Deutschland GmbH,
72766 Reutlingen

Info Beim Aldi-Dosengemüse gibt es keine
Exklusiv-Lieferanten. Je nach Angebot und
Nachfrage wird bei verschiedenen Produzenten eingekauft. Wenn auf der Konserve
allerdings eine BFP GmbH aus Reutlingen aufgedruckt ist, können Sie den Namen
ruhig mit dem Global Player Bonduelle verbinden.

− 45 %

Lakritz

Sweetland Salzige Fische würziges Salzlakritz
Hergestellt für Smile Factory GmbH, 46428 Emmerich

Katjes Salzige Heringe
Katjes Fassin GmbH & Co. KG, 46426 Emmerich

Info Hier sind die Parallelen
besonders augenfällig. Die Zutatenlisten sind identisch, die
Nährwertkennzeichnungen stimmen
bis hinters Komma überein, und
selbst die Auslobungen sind gleich:
»ohne Fett« prangt auf beiden
Verpackungen. Nur der Preis weist
deutliche Unterschiede auf.

− 33 %

Tiefkühl-Pizza

Casa Morando Steinofenpizza
Freiberger Lebensmittel GmbH & Co.
Produktions- und Vertriebs KG, Berlin

Alberto Steinofenpizza
Freiberger Lebensmittel GmbH & Co.,
Produktions- und Vertriebs KG, Berlin

Info Sie kennen die Firma Freiberger besser unter
»Alberto« – mit diesem Label hat sich das Berliner
Unternehmen einen Namen als etablierter
Pizza-Produzent gemacht. Doch mittlerweile spielt
Alberto nur noch die zweite Geige, Freiberger hat
seine Produktion vornehmlich auf Private Labels
ausgerichtet.

– 36 %

Brühe

Pottkieker delikate Brühe
Lamarc Feinkost GmbH, 40556 Düsseldorf

Zamek Fette Brühe
Zamek Nahrungsmittel GmbH & Co. KG,
40599 Düsseldorf

Info Nachdem Zamek mit der eigenen Marke
in den vergangenen Jahren massive Absatz-
dellen verzeichnen musste, konzentriert sich der Hersteller von Suppen, Brühwürfeln
und Fertiggerichten heute schwerpunktmäßig auf No-Name-Produkte. Die Firma mit
Betriebsstätten in Düsseldorf und Dresden bedient den Markt inkognito unter
»Lamarc Feinkost« oder »Dr. Lange & Co«.

– 57 %

Buttermilch

Milsani Reine Buttermilch
T.M.A. GmbH, 86850 Fischach
Veterinärkontrollnummer: DE SN 016 EG

Müller Reine Buttermilch
Molkerei Alois Müller GmbH & Co. KG,
86850 Aretsried
Veterinärkontrollnummer: DE SN 016 EG

Info »Alles Müller, – oder was?« Bei
einer ganzen Reihe von Aldi-Molkereiprodukten trifft dieser Spruch ins
Schwarze. Die Unternehmensgruppe Theo Müller ist langjähriger Aldi-
Lieferant und wickelt die Geschäfte über ihre Großhandelsgesellschaft
T.M.A. ab. In diesem Fall kommen beide Produkte aus dem sächsischen
Produktionsbetrieb in Leppersdorf.

– 51 %

Gebäck

Biscotto Jaffa Cake
Coverna GmbH, 56751 Polch

Griesson Soft Cake
Griesson – de Beukelaer, 56751 Polch

Info »Griesson – de Beukelaer ist in allen
Marktsegmenten optimal aufgestellt und vor
allem beispielhaft ausbalanciert im Verhältnis
von Marken und Handelsmarken.« So umreißt
der Gebäckhersteller seine breit gefächerte
Unternehmensstrategie. Ein Schnäppchen lässt
sich mit dem Aldi-Produkt, das pro forma von
einer Coverna GmbH vertrieben wird, jedoch
nicht machen: Die Preise sind gleich.

– 0 %

Tiefkühl-Hähnchen

Farmfreude Deutsches Fleischhähnchen
Geflügelschlachterei Möckern,
39291 Möckern
Veterinärkontrollnummer:
DE ESG 257 EG

Wiesenhof Deutsches Fleischhähnchen
Wiesenhof, 49429 Visbek
Veterinärkontrollnummer:
DE ESG 257 EG

Info Wiesenhof wirbt bei seinen
Markenprodukten mit einer lückenlosen Herkunftsgarantie. Doch auch beim
preiswerteren Discount-Hähnchen, das aus der gleichen Schlachterei stammt,
müssen Sie auf diese Sicherheit nicht verzichten. Zusätzlich zum Verarbeitungsbetrieb wird auch bei Aldi Nord auf jedem Produkt der Züchter genannt.

– 19 %

Mayonnaise

Delikato Salat-Majonäse
Heinrich Hamker Lebensmittelwerke GmbH & Co. KG,
49152 Bad Essen

Hamker Salatmayonnaise
Heinrich Hamker Lebensmittelwerke GmbH & Co. KG,
49152 Bad Essen

Info Aldi-Mayonnaise wird seit vielen Jahren vornehmlich von
Hamker geliefert. Das eigene Markengeschäft spielt bei dem Bad
Essener Feinkosthersteller keine ausschlaggebende Rolle mehr,
stattdessen forciert man die Handelsmarkenschiene. Im Jahr 2007
feierte Hamker noch sein 100-jähriges Bestehen als Mittelständler,
kurz darauf wurde die Firma von der Investment-Gesellschaft IFR
Capital übernommen, zu der auch Homann gehört.

– 18 %

Schokolade

Mauritius Gefüllte Milchschokolade mit Kokoscreme
Hosta GmbH & Co., 74597 Stimpfach

Romy Gefüllte Milchschokolade mit Kokoscreme
Hosta Schokolade GmbH & Co., 74597 Stimpfach

Info Die Kokosschokolade Romy ist ein Klassiker im
Süßigkeitenregal und wird vom Familienunternehmen
Hosta produziert. Doch ausschließlich auf die eigene
Marke verlässt man sich im baden-württembergischen
Stimpfach nicht, Private Labels sind bei Hosta ein
zweites, wichtiges Standbein. Große Unterschiede
dürften in der Produktion wohl nicht gemacht werden:
Die Zutatenlisten von Romy und Mauritius stimmen
haarklein überein.

Zwieback

Goldähren Zwieback
good food GmbH,
84003 Landshut

Brandt Der Markenzwieback
Brandt Zwieback,
58103 Hagen

Info Die good food GmbH
ist ein Tochterunternehmen
der Brandt Gruppe, die neben Zwieback auch Knäckebrot, Schokolade und Knabberartikel herstellt. Produziert wird allerdings nicht mehr am Traditionsstandort Hagen,
sondern im bayerischen Landshut und in Ohrdruf in Thüringen. Nach eigenen
Angaben macht Brandt mit Zwieback einen Jahresumsatz von 60 Mio. Euro; wie hoch
der Anteil an No-Name-Ware ist, behält das Unternehmen für sich.

– 26 %

Lidl

Der Discounter Lidl ist Teil der Schwarz-Unternehmensgruppe, zu der unter anderem auch die Kaufland-Verbrauchermärkte gehören. »Während der vergangenen 15 Jahre hat Firmengründer Dieter Schwarz fast jeden Tag einen neuen Lidl-Laden eröffnet.« Mit dieser Hochrechnung belegt die Fachzeitschrift Lebensmittel Praxis die beispiellose Schlagzahl, die die Billigkette mit ihrem gelb-blauen Schriftzug und dem schrägen »i« im Logo in der Vergangenheit hingelegt hat. Zwar eilt Lidl in Deutschland mit seinen knapp 3 000 Filialen immer noch hinter den Aldi-Brüdern her, doch europaweit sieht die Sache mittlerweile anders aus: Mit insgesamt rund 8 000 Filialen verfügt Lidl über ein engmaschigeres EU-Filialnetz als der angestammte Erzrivale.

Im Gegensatz zu einem klassischen Hard-Discounter sucht Lidl die konzeptionelle Nähe zu einem Supermarkt. Bis zu einem Drittel der rund 1 400 Artikel besteht aus schnell drehenden Markenartikeln – ein Zugeständnis an jene Kunden, die sowohl »preissensibel« als auch markenbewusst sind.

Zugpferd sind und bleiben jedoch die zahlreichen Lidl-Eigenmarken wie »Dulano« (Wurstwaren), »Crusti Croc« (Knabberartikel), »Bioness« (Bio-Artikel) oder »Linessa« (Light-Produkte). Seine Handelsmarkenpolitik formuliert Lidl folgendermaßen: »Wir haben nicht nur großen Einfluss auf die Qualität unserer Waren, sondern können durch gezielten Einkauf und hohe Abnahmemengen unsere Produkte zu einem günstigen Preis anbieten, ohne auf die Qualität großer Markenartikel zu verzichten.«

Welch hohen Stellenwert die Eigenmarken bei Lidl einnehmen, unterstreicht auch die neue Marketingstrategie des Discounters. Nachdem sich das Handelsunternehmen – wie die meisten seiner Mitbewerber – jahrelang auf Tageszeitungsanzeigen und Beileger beschränkt hat, verließ man im Herbst 2008 die ausgetretenen Printpfade und baut seitdem zusätzlich auf TV-Commercials. Im Mittelpunkt der Fernsehwerbung stehen ausschließlich eigene Handelsmarken, die getreu dem neuen Firmenmotto »Lidl lohnt sich« aufwendig in Szene gesetzt werden.

Gefüllter Doppelkeks

Sondey Doppelkeksrolle
Flämische Keksfabrik, 47906 Kerpen

DeBeukelaer Prinzenrolle
Griesson – de Beukelaer, 56751 Polch

Info Firmensitz von Griesson – de Beukelaer ist
zwar Polch, doch die Produktionsstätte der beliebten
Prinzenrolle liegt in Kerpen am Niederrhein. Seit über
50 Jahren wird hier der Doppeldecker-Keks mit
Schokoladenfüllung hergestellt – und auch das
No-Name-Pendant von Lidl stammt aus derselben
Produktionsstätte. Die Rezepturen unterscheiden
sich allerdings deutlich.

– 49 %

Salatdressing

Kania Salat-Dressing Kräuter
Gritto Werke, 19221 Hagenow

Kühne Salatfix Kräuterwürzig
Carl Kühne, 22761 Hamburg

Info Sie bringen Ihren Salat gerne mit Kühne
Salatfix auf den Tisch? Dann können Sie es ruhig
mal auf einen Vergleich mit der günstigeren
Lidl-Variante ankommen lassen. Nachdem die
Zutatenliste und die Nährwertkennzeichnung
identisch sind, dürfte es eigentlich auch beim
Geschmack keine allzu großen Unterschiede geben.

– 50 %

Aufbackbrötchen

Grafschafter Baguette-Brötchen
Kornmark, 49676 Garrel

Golden Toast Baguette Brötchen
Lieken Brot- und Backwaren, 49681 Garrel

Info Eigenartig, im niedersächsischen
Garrel sitzt sowohl die bekannte Brotfabrik
Lieken als auch eine wildfremde Firma
namens Kornmark. Beide produzieren
Baguette-Brötchen mit identischer Zutaten-
liste und gleicher Nährwertkennzeichnung.
Das lässt nur einen Rückschluss zu: In den
Durchlauföfen von Lieken wird nicht nur Markenware abgebacken.

− 70 %

Paprika-Chips

Crusti Croc Chips Paprika
Snäcky Knabbergebäck GmbH,
31307 Uetze

Lorenz Crunchips
The Lorenz Bahlen Snack-World
GmbH & Co. KG Germany,
63263 Neu-Isenburg

Info Auf den ersten Blick
scheint es bei diesen beiden
Produkten keinerlei Überein-
stimmungen zu geben: unterschiedliche Firmennamen, unterschiedliche Adresse.
Trotzdem wird auch das Lidl-Produkt in einem Lorenz Bahlen-Werk produziert,
denn im niedersächsischen Uetze befindet sich ein Produktionsbetrieb des
Markenherstellers.

− 50 %

Kartoffelsnack

Crusti Croc Teddy's Hit
Top Snacks GmbH, 64404 Bickenbach

Pom-Bär Kartoffelsnack
Wolf Snack- und Gebäck GmbH,
64665 Alsbach

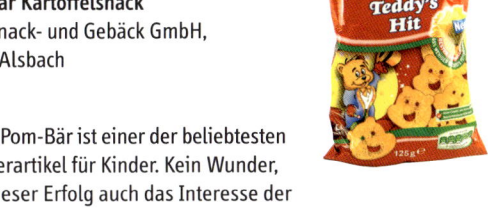

Info Pom-Bär ist einer der beliebtesten
Knabberartikel für Kinder. Kein Wunder,
dass dieser Erfolg auch das Interesse der
Discounter weckt. Nicht nur Lidl, sondern auch Plus oder Norma legen sich ent-
sprechende Pendants in die Regale. Pro forma fungiert eine Top Snacks GmbH als
Hersteller, doch letztendlich steckt Wolf bzw. der Mutterkonzern Intersnack dahinter.

− 59 %

Konfitüre

Maribel Erdbeerkonfitüre Extra
Göbber GmbH & Co. KG, 27324 Eystrup

Göbber Gourmet Fruchtaufstrich
Göbber GmbH & Co. KG, 27324 Eystrup

Info Göbber gehört zu den drei größten
deutschen Konfitüreherstellern. Anstelle
in kostspielige TV- oder Printwerbung zu
investieren, pflegt das Eystruper Familienunternehmen lieber einen guten Draht zu
den Discountern. Rund ein Drittel seines Absatzes im Lebensmittelhandel macht
Göbber mit dem eigenen Label, der Rest geht auf das Konto »No-Name-Produktion«.

− 35 %

Leberwurst

Dulano Delikatess Leberwurst
Westf. Fleischwaren Vogt GmbH,
45697 Herten
Veterinärkontrollnummer: DE EV 39 EG

Herta Grobe Leberwurst
Herta, 45697 Herten
Veterinärkontrollnummer: DE EV 39 EG

Info Die Westfälische Fleischwaren
Vogt GmbH sitzt in Herten. Kommt Ihnen
bei diesem Ortsnamen nicht auch sofort die Firma Herta in
den Sinn? Die Assoziation wäre richtig, denn der Discounter-
Lieferant hat dieselbe Veterinärkontrollnummer wie der
Markenproduzent.

– 46 %

Knabberartikel

Alesto Erdnüsse im Teigmantel
Kunz GmbH, 59939 Olsberg

Ültje Pinats Erdnüsse im Honigmantel
Ültje GmbH, 58207 Schwerte

Info Sobald Markenhersteller neu-
artige Produkte – wie in diesem
Beispiel teigumhüllte Erdnüsse –
erfolgreich eingeführt haben, schießen
die Discounter hinterher und ordern ent-
sprechende »Me too«-Alternativen. Bei Lidl stammt die Eigenmarke offiziell von
einer Kunz GmbH, die interessanterweise ebenso wie Ültje zum Mutterhaus »The
Nut Company« gehört.

– 52 %

Brotaufstrich

Vitakrone Feiner Brotaufstrich Geflügel-Salat
Türk & Pabst GmbH, 46240 Bottrop

Nadler Brotaufstrich Geflügel-Mandarine
Nadler Feinkost GmbH, 46240 Bottrop

Info Der Vitakrone-Brotaufstrich ist nicht von schlechten Eltern. Kümmern Sie sich nicht um den Namen Türk & Pabst, dahinter steckt der Feinkosthersteller Nadler. Beide Betriebe teilen sich in der Bottroper Scharnhölzstraße 330 einen Firmensitz. Nadler seinerseits gehört zum britischen Nahrungsmittelkonzern Uniq.

— 20 %

Frischkäse

Pic Frisch Frischkäse
Huber GmbH & Co. KG, 86802 Buchloe
Veterinärkontrollnummer: DE BY 706 EG

Exquisa Frischkäse
Karwendel, 86802 Buchloe
Veterinärkontrollnummer: DE BY 706 EG

Info Bei Lidl haben Sie die Qual der Wahl: Den Billig-Frischkäse à la »Pic Frisch« oder doch den echten Exquisa? Schließlich liegen beide Varianten direkt nebeneinander im Regal. Keine Sorge, auch wenn Sie Ihren Geldbeutel schonen wollen und zur Eigenmarke greifen, dürften Sie adäquate Qualität bekommen: Private Label und Marke stammen aus dem gleichen Produktionsbetrieb.

— 33 %

Reibekuchenteig

Harvest Basket Reibekuchenteig
Landmanns GmbH, 91183 Abenberg

Henglein Reibekuchenteig
Hans Henglein GmbH, 91183 Abenberg

Info Die Unternehmensgruppe Hans Henglein & Sohn GmbH produziert eine breite Palette an Klößen, Knödeln, Fertigteigen und weiteren Convenience-Produkten und betreibt einen ausgeklügelten Mix aus eigenen Marken und Handelsmarken. Als Private-Label-Hersteller springt die Tochterfirma Landmanns ein, die sich mit Henglein eine Adresse teilt.

– 20 %

Gefülltes Waffelgebäck

Favorini Gefüllte Waffel auf Vollmilch-Schokolade mit Nugatcreme
Inter Biscuits GmbH, 29634 Schneverdingen

Bahlsen Ohne Gleichen mit feiner Haselnuss-Nugatcreme
Bahlsen, 30001 Hannover

Info Die Inter Biscuits GmbH gehört zur Bahlsen KG. Mit dem Ort Schneverdingen ist der Branchenprimus seit Langem eng verbunden, denn seit der Übernahme der Keks- und Waffelfabrik Gottena besitzt Bahlsen hier einen Produktionsstandort, der vornehmlich auf No-Name-Gebäck ausgerichtet ist.

– 48 %

Gummibärchen

Sugar Land Mega Bär
Gummibonbon
Mederer Süßwarenvertriebs GmbH,
90763 Fürth

Trolli Gummi Bears
Mederer Süßwarenvertriebs GmbH,
90763 Fürth

Info Neben Harry und Katjes ist
Trolli die dritte bekannte Marke im Süßwarenregal. Produzent ist der fränkische
Fruchtgummihersteller Mederer, der auch im Handelsmarken-Geschäft kräftig
mitmischt. Obwohl die Lidl-Eigenmarke unter dem Namen »Sugar Land« rund
30 Prozent günstiger ist, dürfte es kaum Qualitätsunterschiede zu den Trolli Gummibärchen geben: Die Zutatenlisten sind nahezu identisch.

− 33 %

Fischkonserven

Petri Zarte Heringsfilets in Eier-Senf-Creme
Nord Fisch Feinkost GmbH, 27452 Cuxhaven
Veterinärkontrollnummer: DE NI EFB 016 EG

Appel Zarte Heringsfilets in Eier-Senf-Creme
Appel Feinkost GmbH, 27472 Cuxhaven
Veterinärkontrollnummer: DE NI EFB 016 EG

Info Das Feinkost-Label Appel gibt es mittlerweile seit über
125 Jahren. Produziert werden die Dauerkonserven in einer

High-Tech-Fischfabrik in Cuxhaven. Allerdings trägt
nicht jede Konserve, die dieses Haus verlässt, das
bekannte Appel-Logo mit dem Hummer. Auch unscheinbare Discounter-Varianten laufen vom Band.

− 37 %

Gewürze

Kania Spices Oregano gerebelt
Weiand GmbH, 49201 Dissen

Fuchs Oregano gerebelt
Fuchs edle Gewürze, 49198 Dissen

Info Durch die Übernahme der Firmen Ostmann, Ubena und Wagner hat sich das Dissener Unternehmen Fuchs (DF World of Spices GmbH) in den letzten Jahren in Europa zur unumstrittenen Nummer eins auf dem Gewürzmarkt katapultiert. Doch auch das Handelsmarkengeschäft lässt sich Fuchs nicht durch die Lappen gehen und bedient diesen Bereich unter anderem über eine Weiand GmbH.

– 78 %

Salatdressing

Kania Salat Dressing
Weiand GmbH
49201 Dissen

Fuchs Salatzauber Gartenkräuter
Fuchs edle Gewürze, 49198 Dissen

Info Noch ein Beispiel vom Marktführer Fuchs, schließlich umfasst die Produktpalette der Fuchs-Gruppe mit über 7 000 Artikeln weitaus mehr als klassische Gewürze. Instantsuppen, Fertigwürzmischungen oder – wie in diesem Beispiel – zubereitungsfertige Salatdressings zählen ebenfalls zum Sortiment und kommen sowohl als Marken- als auch als Handelsware in die Regale.

– 71 %

Süßstoff

Cologran Flüssigsüßstoff
Medin GmbH & Co. KG, 21218 Seevetal

Huxol Flüssigsüßstoff
Nutrisun GmbH & Co. KG, 21218 Seevetal

Info Die Firmen Medin und Nutrisun haben eine
gemeinsame Dachgesellschaft: Die Laurens
Spethmann Holding in Seevetal, deren eigentliches
Metier der Tee-Handel ist (Meßmer, Milford).
Praktischerweise liefert das Unternehmen gleich
den passenden Süßstoff mit, einmal als günstige
No-Name-Variante, einmal als etabliertes Marken-
produkt.

— 33 %

Brötchenteig

Belbake Sonntagsbrötchen
Info Fita GmbH, 22056 Hamburg

Knack & Back Sonntagsbrötchen
General Mills GmbH, 22041 Hamburg

Info Mit Knack & Back kam vor
gut 30 Jahren eine völlig neue
Brötchen-Variante auf den Markt:
In der Dose verpackter Frischteig,
der im Kühlschrank wochenlang haltbar ist und somit den Gang zum Bäcker spart.
Nach wie vor ist Knack & Back Marktführer, allerdings hat das Unternehmen seine
Produktionspalette um Discount-Labels erweitert.

— 25 %

Zwieback

Grafschafter Zwieback
Sweet Food GmbH, 58123 Hagen

Brandt Der Markenzwieback
Brandt Zwieback, 58103 Hagen

Info Die Marke Brandt steht als Synonym für
Zwieback. Mit einem Anteil von über 70 Prozent
dominiert das Unternehmen den deutschen Markt –
und auch die Discounter werden über Umwege von der
Nummer eins bestückt. Als Vertriebskanal fungiert in
diesem Fall eine Sweet Food GmbH.

– 26 %

Buttertoast

Grafschafter Butter Toast
Kornmark, 49676 Garrel

Golden Toast Buttertoast
Kamps Brot und Backwaren, 49681 Garrel

Info Die Zutatenliste beider Produkte ist
gleich – und das bei einer stattlichen
Preisdifferenz von fast 60 Prozent. Kaufen
Sie doch einfach mal beide Varianten ein
und lassen Sie Ihre Familie am Frühstücks-
tisch testen, was Marken- und was No-
Name-Toastbrot ist.

– 59 %

Champagner

Champagne Comte De Brismand
Élaboré à Tours-sur-Marne par Vranken, France/Reims

Champagne Vranken
Élaboré à Tours-sur-Marne par Champagne Vranken, France/Reims

Info Fast jeder dritte Champagner, der in Deutschland verkauft wird, landet in einem Discounter-Einkaufswagen. Lidl hat sich als Eigenmarkenlieferant das weltweit zweitgrößte Champagnerhaus ausgesucht: Vranken Pommery Monopole. »Unser Portfolio bedient alle Segmente«. So umreißt das französische Unternehmen, das auch die Marken Charles Lafitte und Heidsieck & Co. produziert, seine Wandlungsfähigkeit.

– 18 %

Remoulade

Vita D'or Würzige Remoulade
Homann Feinkost GmbH, 49197 Dissen

Homann würzige Remoulade
Homann Feinkost GmbH, 49197 Dissen

Info Früher war auf sämtlichen Eigenmarken von Lidl lediglich der Hinweis aufgedruckt: »Hergestellt für Lidl Stiftung & Co. KG, 74167 Neckarsulm«, doch mittlerweile werden die Lieferanten immer häufiger offen benannt. Bei der Vita D'or Remoulade legt Homann seine Karten offen auf den Tisch.

– 44 %

Netto

Das Handelsunternehmen Netto Marken-Discount ist ein Tochterunternehmen der Edeka-Gruppe und musste sich bis vor Kurzem mit Platz fünf des nationalen Discounter-Rankings bescheiden. Doch nach der Übernahme von 2 500 Plus-Filialen der Tengelmann-Gruppe (siehe S. 56) wurden die Karten neu gemischt: Die Billig-Kette mit Sitz im bayerischen Maxhütte-Haidhof hat sich auf Platz drei vorgekämpft und will mit insgesamt 3 800 Filialen, 50 000 Mitarbeitern und einem Umsatz von mehr als zehn Milliarden Euro den Gegenspielern Aldi und Lidl das Fürchten lehren.

Ursprünglich war das Netto-Vertriebsgebiet auf Süddeutschland beschränkt, mittlerweile ist der Marken-Discounter mit seinem gelb-roten Schriftzug auch in Thüringen, Sachsen-Anhalt, Sachsen und Niedersachsen stark vertreten. Durch die Hochzeit von Netto mit Plus konnte die Brautmutter Edeka noch einmal deutlich Land hinzugewinnen und präsentiert ihre Discount-Schiene nun bundesweit – ganz gemäß dem Firmenmotto »Mehr Netto für alle«.

Netto ist ein sogenannter Marken-Discounter. Das Sortiment besteht zum großen Teil aus bekannten Markenartikeln, die strategische Ausrichtung orientiert sich jedoch am Discount-Prinzip: spartanische Ladeneinrichtung, wenig Personal und vergleichsweise geringes Sortiment. Umfangreiche Serviceleistungen, wie sie in Supermärkten und SB-Warenhäusern angeboten werden, gibt es nicht – auf diese Weise wird das Preisniveau niedrig gehalten.

Das Geschäft mit No-Name-Produkten spielt bei Netto keine so ausschlaggebende Rolle wie bei echten Discount-Hardlinern. Allerdings kommt derzeit Bewegung in die Private Labels. Denn neben einer überschaubaren Range an eigenen Handelsmarken übernimmt Netto gegenwärtig auch einen Teil der No-Name-Produkte des frischgebackenen Kompagnons Plus.

Wie sich das Handelsmarken-Geschäft langfristig entwickeln wird, bleibt abzuwarten. In der Branche spekuliert man darüber, dass das Mutterhaus Edeka das Heft künftig selbst in die Hand nehmen möchte. Bislang managte man bei Netto seine Eigenmarken-Geschicke selbst; doch das kann sich ändern.

Back-Camembert

Gutes Land Back-Camembert
Hergestellt für Netto Marken-Discount von
Bayernmilch GmbH, 85567 Grafing/Oberbayern
Veterinärkontrollnummer: DE BY 114 EG

Alpenhain Back-Camembert
Alpenhain Käsespezialitäten-Werk,
83539 Lehen/Oberbayern
Veterinärkontrollnummer: DE BY 114 EG

Info Alpenhain ist unumstrittener Marktführer bei
Käse-Convenience-Produkten wie Back-Camembert,
Back-Feta oder Mozzarella-Sticks. Das Familienunternehmen, das nach eigenen Angaben nur Milch von Bauern
aus der Region verarbeitet, fährt zweigleisig und stellt
neben der eigenen Marke auch namenlose Massenware
her. Produziert wird in mehreren Betriebsstätten.

– 32 %

Preiselbeeren

Beste Ernte Wild-Preiselbeeren Auslese
Hergestellt für Netto Marken-Discount von
Karlsruher Konserven GmbH, 64747 Breuberg

Odenwald Wild-Preiselbeeren
Odenwald-Früchte GmbH, 64747 Breuberg

Info Die Karlsruher Konservenfabrik kennen Sie besser unter
anderem Namen, der Odenwald Früchte GmbH. Deren Markengeschäft läuft unter dem Label »Odenwald Fruchtauslese«. Doch
auch im Bereich Handelsmarken ist man im hessischen Breuberg
gut aufgestellt. Nicht nur Netto, sondern beispielsweise auch Aldi
ist Kunde.

– 53 %

Hamburger-Brötchen

Quality Bakers Hamburger Buns
Quality Bakers, 49681 Garrel

Golden Toast American Hamburger
Lieken Brot- und Backwaren,
49681 Garrel

Info Die Marken »Golden Toast«
und »Lieken Urkorn« sind die Zugpferde der Lieken AG. Doch der
führende deutsche Backwarenher-
steller räumt auch bei Handelsmarken
massiv ab. Egal, ob auf der Verpackung
offiziell eine Firma namens »Quality
Bakers« oder beispielsweise »Kornmark« steht, sobald der Herstellungsort Garrel ist,
können Sie misstrauisch werden und an Lieken denken.

− 34 %

Kloßteig

Kloßteig halb und halb
Hergestellt für Netto Marken-Discount von
Nürnberger Kloßteig GmbH & Co. KG, 91183 Abenberg

Henglein Kloßteig Thüringer Art
Henglein GmbH, 06647 Klosterhäseler

Info Unter www.code-check.de werden im Internet
unabhängige Produktinformationen anhand von Strichcodes
aufgeführt. Der Fertigteig der Firma Nürnberger Kloßteig
ist in dieser Datenbank bereits gelistet; als Hersteller und
Strichcode-Anmelder wird das Unternehmen Henglein
Feinkost genannt.

− 20 %

Quarkzubereitung

Gutes Land Quarkdessert Kirsche
Hergestellt für Netto Marken-Discount von
Milchfrisch Vertriebs-GmbH, 71229 Leonberg
Veterinärkontrollnummer: DE BY 727 EG

Ehrmann Früchtetraum Kirsche
Ehrmann EG, 87770 Oberschönegg
Veterinärkontrollnummer: DE BY 727 EG

Info Damit Verbraucher vor dem Kühlregal zielsicher
zur Marke Ehrmann greifen, investiert die bayerische
Großmolkerei kräftig in TV-Spots. Doch auch »werbungs-
resistente« Kunden landen unbewusst bei Ehrmann – und
zwar immer dann, wenn auf der Verpackung als Hersteller
eine Milchfrisch Vertriebs-GmbH aufgedruckt ist.

– 17 %

Zaziki

Knossos Zaziki
Hergestellt für Knossos GmbH, 30900 Wedemark
Veterinärkontrollnummer: DE NI 300

Apostels Zaziki
Apostel Griechische Spezialitäten, 30827 Garbsen
Veterinärkontrollnummer: DE NI 300

Info »Unseren Zaziki liefern wir an fast jede Super-
marktkette in Deutschland«, so beschreibt der mittelstän-
dische Hersteller Apostels seine Marktposition. Man
könnte nahtlos ergänzen, dass auch fast jeder Discounter
Zaziki aus dem Hause Apostels führt – allerdings verhüllt
im No-Name-Outfit.

– 10 %

Netto

Geschnittener Frischkäse

Gutes Land Scheiben aus Frischkäse
Hergestellt für Netto Marken-Discount
von Karwendel-Werke, 86802 Buchloe
Veterinärkontrollnummer: DE BY 706 EG

Exquisa-Scheiben aus Frischkäse
Karwendel, 86802 Buchloe
Veterinärkontrollnummer: DE BY 706 EG

Info Eigentlich ist es eine ziemlich
komplizierte Angelegenheit, Frischkäse in Scheibenform zu produzieren. Den
Karwendel-Werken im bayerischen Buchloe gelang es nach eigenen Angaben im
Jahr 2005 als erstem Hersteller, entsprechende Käsespezialitäten auf den Markt
zu bringen. Die neue Verarbeitungstechnologie wird nicht nur für das eigene Label
Exquisa genutzt, sondern auch für Handelsmarken.

– 41 %

Netto

Feinkostsalat

Leicht und Fit Nudelsalat
Hergestellt für Netto Marken-Discount von
Gloria Feinkost GmbH, 49197 Dissen

Homann Italienischer Nudelsalat
Homann Feinkost, 49197 Dissen

Info Sie kennen keine Firma namens Gloria Feinkost?
Macht nichts – hinter dieser Tarnkappe steckt Homann.
Der Marktführer, der sich seit 2007 im Besitz der Heiner
Kamps Beteiligungsgesellschaft befindet, deckt nach
eigenen Angaben »inklusive Handelsmarken und
Industriegeschäft« rund 34 Prozent des Gesamtmarktes
an Feinkostsalaten ab.

– 49 %

Fruchtjoghurt

Gutes Land Fruchtjoghurt
Hergestellt für Netto Marken-Discount von J. Bauer GmbH & Co. KG, 83512 Wasserburg/Inn
Veterinärkontrollnummer: DE BY 112 EG

Der Grosse Bauer-Joghurt
Privatmolkerei Bauer, 83512 Wasserburg/Inn
Veterinärkontrollnummer: DE BY 112 EG

Info Der große Bauer-Joghurt ist ein Klassiker im Kühlregal, den es mittlerweile in unzähligen Varianten gibt: fettreduziert, mit Aloe-Vera- und Rosenzusatz oder beispielsweise als saisonale Winterkreation mit Apfelstrudel und Zimt. Ganz so ausgefallen geht es beim No-Name-Sortiment nicht zu: Hier finden sich vor allem traditionelle Fruchtsorten im Angebot.

− 29 %

Nudeln

Frischei-Bandnudeln
Hergestellt für Netto von Pasta Teigwaren Handelsgesellschaft mbH, 81541 München

Bernbacher Eiernudeln
Josef Bernbacher & Sohn, 81541 München

Info Ein Blick ins Handelsregister der Stadt München genügt, um den Verwandtschaftsgrad von No-Name-Lieferant und Markenhersteller festzustellen: Als Gesellschafter der Firma »Pasta Teigwaren« tauchen mehrere Mitglieder der Familie Bernbacher auf. So ist es auch nicht weiter verwunderlich, dass beide Betriebe am Tassiloplatz 5 in München-Haidhausen residieren.

− 50 %

Plus

Aus »Raider« wurde seinerzeit »Twix« – und aus Plus wird derzeit Netto. Über 2 000 Filialen des Discounters Plus, die bis vor Kurzem zur Tengelmann-Gruppe gehörten, erfahren gegenwärtig eine wundersame Verwandlung. Nachdem sich Deutschlands größtes Handelsunternehmen, die Edeka-Gruppe, im Sommer 2008 mit einem spektakulären Deal einen Großteil der Plus-Filialen einverleibt hat, werden die Häuser nach und nach in die Edeka-Tochter »Netto Marken-Discount« integriert. Mit dem Zusammenschluss der beiden ehemaligen Konkurrenten will Edeka einen neuen Discount-Riesen schmieden, der Aldi und Lidl die Stirn bieten soll.

Die neue Flagge wird bereits auf zahlreichen Gebäuden gehisst: Lediglich rund 750 Plus-Märkte in innerstädtischen Lagen werden mit einem eigenen City-Discount-Konzept unter Plus weitergeführt, alle übrigen Plus-Filialen sollen in naher Zukunft auf Netto umgemünzt werden.

Die damit verbundene »Harmonisierung des Sortiments« hat bereits begonnen. Seit Anfang des Jahres liegen bei Plus beispielsweise Grundnahrungsmittel mit dem Netto-Logo »Ein Herz für Erzeuger« im Regal. Umgekehrt finden sich beim neuen Geschwisterchen Netto die bekannten Plus-Marken wie »BioBio« oder »Viva Vital« wieder.

Ob und wie die Hersteller der Eigenmarken auf den Verpackungen geoutet werden sollen – darüber gibt es im Management offensichtlich unterschiedliche Meinungen. Bis vor Kurzem hielt sich Plus an die »klassische« Methode und ließ auf jeder Eigenmarke den lakonischen Hinweis aufdrucken: »Hergestellt für die Plus Vertriebs GmbH, 45466 Mühlheim an der Ruhr«. Mittlerweile gibt es allerdings eine bunte Vielfalt an Variationen: Bei einigen Lebensmitteln wird der Hersteller ganz offen benannt; bei anderen lässt sich zumindest über eine aufgedruckte Tochterfirma erahnen, welches Mutterhaus dahinter steht. Und bei Option drei bleibt alles beim Alten: Hier sollen Sie als Verbraucher weiterhin im Dunkeln tappen und sich mit dem Bescheid begnügen, dass die Ware (vom wem auch immer) für Plus produziert wurde.

Senf

Delique Senf
Exclusively For Plus by Gritto Werke,
19221 Hagenow

Kühne Senf
Carl Kühne, 22761 Hamburg

Info Um hinter die Kulissen der Gritto-Werke zu schauen, hilft ein
Blick ins Handelsregister des Amtsgerichtes Charlottenburg. Hier
findet sich eine Eintragung aus dem Jahr 1996: »Die Gritto-Werke
verschmelzen mit der Berliner Niederlassung der Carl Kühne KG.«
Seitdem ist das mecklenburgische Hagenow einer der fünf deutschen
Kühne-Produktionsstandorte.

– 38 %

Plus

Rotkohlzubereitung

**Giggles Rotkohl mit gezuckerten
Cranberries und Marsala**
Exclusively For Plus by Voss & Zobus GmbH,
73728 Esslingen

**Hengstenberg Genießer-Rotkohl
mit Portwein und Preiselbeeren**
Rich. Hengstenberg, 73726 Esslingen

Info Die Firma Voss & Zobus ist ein Tochterunternehmen
von Hengstenberg, das auf Private Labels spezialisiert ist.
Handelspartner könnten die »vielfältigen Kompetenzen«
nutzen und beispielsweise bei der Produktentwicklung und
Qualitätssicherung vom Mutterhaus Hengstenberg
profitieren, heißt es im Firmenprofil. Plus
macht davon offensichtlich gerne Gebrauch.

– 59 %

Plus

Würstchen

E. Ahrent Schinkenwürstchen
Hergestellt für Plus Vertriebs GmbH,
45466 Mühlheim an der Ruhr
Veterinärkontrollnummer: DE EV 3 EG

Böklunder Echte Landbockwurst
Böklunder Plumrose, 24860 Böklund
Veterinärkontrollnummer: DE EV 3 EG

Info Im schleswig-holsteinischen Böklund hat
die »Zur-Mühlen-Gruppe« ihren Hauptsitz, die
sich durch massive Expansion zu einem Big Player
für Fleisch- und Wurstwaren entwickelt hat (Böklunder, Redlefsen, Schulte, Könecke).
Das No-Name-Geschäft ist seit vielen Jahren fester Bestandteil der Firmenpolitik:
Würstchen mit der Veterinärkontrollnummer DE EV 3 EG finden sich als Handelsmarke in zahlreichen Supermärkten und Discountern.

− 37 %

Plus

Knabbergebäck

Clarky's Teddys Kartoffelsnack
Exclusively For Plus by Albert Striller Vertrieb GmbH,
64402 Bickenbach

Pom-Bär Kartoffelsnack
Wolf Snack und Gebäck GmbH, 64665 Alsbach

Info Was für ein eigenartiger Zufall: Die Wolf Snack und
Gebäck GmbH hat einen Produktionsbetrieb in Bickenbach,
jenem Ort, in dem auch der Plus-Lieferant »Albert Striller«
sitzt ... Da Pom-Bär speziell für Kinder entwickelt wurde,
enthält der Kartoffelsnack keine künstlichen Geschmacks-
verstärker, Aromen und Farbstoffe. Doch keine Sorge — auch
das deutlich günstigere No-Name-Produkt ist frei von diesen
umstrittenen Inhaltsstoffen.

− 61 %

Pommes frites

Botato Pommes Frites
Exclusively For Plus by
Agrarfrost GmbH & Co. KG,
27793 Wildeshausen

Agrarfrost Pommes Frites
Agrarfrost GmbH & Co. KG,
27793 Wildeshausen

Info Agrarfrost ist ein
führender deutscher Her-
steller von Tiefkühl-Kartoffel-
produkten und beliefert unter anderem McDonalds mit Pommes frites. Auch der
Discounter Plus ordert bei Agrarforst und legt sich unter der Dachmarke »Botato«
No-Name-Pommes in die Tiefkühltheke, die nur die Hälfte des Markenproduktes
kosten.

− 58 %

Backwaren

Breadies American Sandwich
Hergestellt von Kornmark, 49676 Garrel

Golden Toast Buttertoast
Kamps Brot- und Backwaren, 49681 Garrel

Info Um Weizentoast nach amerika-
nischem Vorbild in Deutschland bekannt
zu machen, wurde 1963 von mehreren
Brotfabriken die Dachmarke Golden Toast
ins Leben gerufen. Heute besitzt die Lieken
AG (Lieken Brot und Backwaren GmbH/
Kamps GmbH) das alleinige Nutzungs-
und Vertriebsrecht. Über den Firmenable-
ger Kornmark wird der Discount-Bereich
abgewickelt.

− 58 %

Konfitüre

Symphonie Confitüre Extra
Exclusively For Plus by Dr. Hans Höring oHG,
52008 Aachen

Zentis Belfrutta Auslese
Zentis GmbH & Co. KG, 52070 Aachen

Info Vor dem Konfitüreregal lassen immer mehr Verbraucher Schwartau und Zentis links liegen und bücken sich tief hinunter zum No-Name-Produkt. Der Marktanteil der Billigkonfitüren beträgt bereits 45 Prozent. Für Zentis dürfte diese Entwicklung zu verschmerzen sein, denn das Aachener Unternehmen setzt neben dem eigenen Label verstärkt auf die Produktion von Handelsmarken.

– 66 %

Käse

Jean Luc Camembert
Exclusively For Plus by Fromagère de Domfront,
F-61700 Domfront
Veterinärkontrollnummer: FR 61.145.01 CE

Président Camembert L'Aromatique
Hergestellt in Frankreich für Lactalis Deutschland,
77680 Kehl
Veterinärkontrollnummer: FR 61.145.01 CE

Info Der Jean Luc Camembert wird laut Veterinärkontrollnummer in der gleichen Fromagerie produziert wie sein Markenkollege mit dem edlen Président-Emblem. Vertrieben werden die Produkte von Lactalis, dem zweitgrößten milchverarbeitenden Unternehmen der Welt, das auch die Marken Salakis, Galbani und Société im Portfolio hält.

– 32 %

Schokolade

Choco Edition Rahmschokolade edelherb
Exclusively for Plus by Ludwig Schokolade, 66720 Saarlouis

Trumpf Schogetten halbbitter
Trumpf Schokoladenfabrik GmbH, 66720 Saarlouis

Info Die Saarlouiser Schokoladenfabriken Ludwig und Trumpf haben zwar jeweils eine eigene Website, doch letztendlich steckt ein- und derselbe Betrieb dahinter. Die Produktpalette ist breit gefächert und reicht von den bekannten »Trumpf Schogetten« bis hin zu No-Name-Schokoladen für zahlreiche Discounter.

– 28 %

Salami

BioBio Salami 1a
Hergestellt für Plus Vertriebs GmbH,
45466 Mühlheim an der Ruhr
Veterinärkontrollnummer: DE EV 292 EG

Zimbo Gourmet 4 Jahreszeiten Salami
Zimbo, 26904 Börger
Veterinärkontrollnummer: DE EV 292 EG

Info Bei verpackter Wurst aus dem Kühlregal ist Zimbo einer der etabliertesten Lieferanten. Bis vor Kurzem war das nordrhein-westfälische Unternehmen selbstständig, seit 2008 gehört es mehrheitlich zum größten Unternehmen der Schweizer Fleischwirtschaft, der Bell AG. Für Plus wird Bio-Ware hergestellt.

– 20 %

Plus

Tiefkühl-Fertiggericht

Casa Domani Lasagne
Exclusively for Plus by Freiberger Lebensmittel
GmbH & Co. Produktions- und Vertriebs KG,
13439 Berlin

Alberto Lasagne
Freiberger Lebensmittel GmbH & Co.
Produktions- und Vertriebs KG, 13439 Berlin

Info Unter dem Markennamen Alberto
produziert die Firma Freiberger Tiefkühlpizzen
und Tiefkühl-Fertiggerichte. Allerdings macht
das eigene Label mittlerweile nur noch einen
Bruchteil der Produktion aus; umsatzstärkstes
Flaggschiff der Firma sind Handelsmarken.

– 30 %

Plus

Quarkzubereitung

Bonyogi Fruchtquark für Kinder
Exclusively for Plus by Milchfrisch Vertriebs-GmbH,
87770 Oberschönegg
Veterinärkontrollnummer: DE BY 727 EG

Ehrmann Monsterbacke
Ehrmann AG, 87770 Oberschönegg
Veterinärkontrollnummer: DE BY 727 EG

Info Monsterbacke ist ein beliebtes Kinderpro-
dukt von Ehrmann. Mit sechs kleinen Portions-
packungen in verschiedenen Geschmacksrich-
tungen sollen schon die Kleinsten Gefallen am
Löffeln von Fruchtquark finden. Vielleicht
schmeckt dem Nachwuchs ja auch die günstigere
Bonyogi-Alternative, schließlich sind beide
Produkte »verschwägert«.

– 34 %

Plus

Brioche-Brötchen

Biscoteria Briochettes
Exclusively For Plus by ProBack GmbH,
52146 Würselen

Ibis Briolino
ProBack GmbH, 52146 Würselen

Info Französische Spezialitäten sind
der Produktionsschwerpunkt des Back-
warenherstellers ProBack. Nennenswerte
Unterschiede in der Herstellung und
Zusammensetzung von No-Name- und
Markenprodukt gibt es nicht. Auch wenn
die Plus-Brötchen »Briochettes« heißen
und die Ibis-Brötchen »Briolino« – die
Zutatenlisten sind so gut wie identisch.

– 6 %

Tee

Lancaster Tea Pfefferminze
Hergestellt von AMROPA Außenhandelsgesellschaft mbH, 21218 Seevetal

Meßmer Pfefferminze
Meßmer Tee-Gesellschaft mbH, 21218 Seevetal

Info Die Amropa Außenhandelsgesellschaft und die
Meßmer Tee-Gesellschaft gehören zur Ostfriesischen
Teegesellschaft Laurens Spethmann (OTG), die auf eine
über 100-jährige Erfahrung im Teegeschäft zurückgrei-
fen kann. Neben den bekannten Marken wie Meßmer
oder Milford befüllt OTG auch diverse No-Name-Teebeutel.

– 74 %

Penny

Als Discount-Linie der Rewe-Group (siehe S. 82) ist Penny mit über 2 300 Filialen in Deutschland vertreten. Lange Zeit hielt sich Penny auf Platz drei des Discounter-Siegertreppchens, doch im vergangenen Jahr kam es durch den Verkauf des Mitbewerbers Plus in der Branche zum großen Stühlerücken. Unter den Augen des Kartellamtes wurde das Bärenfell der knapp 2 900 Plus-Filialen unter zwei Konkurrenten aufgeteilt. Während sich Netto mit rund 2 500 Plus-Filialen die Majorität sichern konnte, fielen für Penny mit 328 Filialen nur Brotsamen ab. Die ursprünglichen Pläne sahen indes ganz anders aus: Eigentlich wollte Rewe sämtliche Deutschland-Filialen von Plus übernehmen, unterlag in einem Kopf-an-Kopf-Rennen jedoch letztendlich dem Konkurrenten Netto.

Nach Meinung vieler Branchenbeobachter ist Penny in den letzten Jahren »zu leise« aufgetreten. Um seiner »schüchternen« Tochter ein schärferes Profil zu verleihen, hat das Mutterhaus Rewe daher ausgiebig an einem neuen Konzept gefeilt und positioniert seine Discount-Schiene derzeit unter dem Motto »Billiger für alle« als den neuen »Volks-Discounter«. »Discount, wie Penny ihn versteht, ist mehr als nur einfach und billig«, lässt das Unternehmen verlauten und verweist auf eine im April 2009 veröffentlichte Studie des deutschen Instituts für Service-Qualität: Darin wurde Penny im Vergleich zu 16 anderen Lebensmittelketten das beste Preis-Leistungs-Verhältnis bescheinigt.

Schwachstelle des Unternehmens ist das Non-Food-Sortiment. Stattdessen baut Penny lieber seinen Eigenmarkenanteil aus, der jetzt schon bei 60 Prozent liegt. Bekannte Markenartikel werden immer häufiger ausgelistet – zugunsten einer rasant wachsenden Warengruppe mit der Aufschrift »Ausgewählt und kontrolliert: Penny Markt GmbH, 50603 Köln«.

Ganz aktuell hat Penny seine Handelsmarken um eine neue Premium-Linie mit der Bezeichnung »Noblesse« aufgewertet. Zudem wurde in Mittel- und Ostdeutschland ein Regionalkonzept mit 160 Produkten unter dem Motto »Östlich = köstlich« eingeführt.

Körniger Frischkäse

Campus Körniger Frischkäse
Penny Markt GmbH, 50603 Köln
Veterinärkontrollnummer: DE SH 027 EG

Milram Körniger Frischkäse
Nordmilch AG, 28199 Bremen
Veterinärkontrollnummer: DE SH 027 EG

Info Nordmilch gibt sich offen beim Thema No-Name-Produktion. »Ja, es stimmt, auch der Körnige Frischkäse von Penny wird von uns produziert. Die Ausgangszutaten und der Herstellungsprozess sind gleich, allerdings unterscheiden sich beide Produkte im Fettgehalt«, gab das Unternehmen auf Anfrage des NDR-Verbrauchermagazins »markt« bekannt.

– 25 %

Feinkostsalat

Berida Heringssalat
Penny Markt GmbH, 50603 Köln
Veterinärkontrollnummer: DE NI EFB 080 EG

Homann roter Heringssalat
Homann Feinkost, 49197 Dissen
Veterinärkontrollnummer: DE NI EFB 080 EG

Info Bei Feinkostsalaten haben No-Name-Produkte die Nase vorn: Laut der Fachzeitschrift Lebensmittel Praxis werden in Discountern mehr Feinkostsalate verkauft als in Supermärkten oder anderen Einkaufsstätten. Für Homann ist dieser Trend kein Problem: Der Marktführer segelt nicht nur unter eigener Flagge, sondern auch unter Handelsmarken-Regie.

– 51 %

Pastazubereitung

**Fior di Pasta Tortelloni mit
feiner Käsefüllung**
Penny Markt GmbH, 50603 Köln
Veterinärkontrollnummer: DE EV 110 EG

Steinhaus Käse-Tortelloni
Steinhaus GmbH, 42897 Remscheid
Veterinärkontrollnummer: DE EV 110 EG

Info Längst ist der sogenannte
Frische-Conveniencemarkt mit
zubereitungsfertigen, gekühlten Pastaerzeugnissen und Saucen zum Hauptumsatzträger von Steinhaus geworden. Als Discounter-Variante beliefert das Familienunternehmen die Handelshäuser wie Penny oder Netto nach deren eigenen Rezepturvorgaben vornehmlich mit den »Klassikern«, also mit Käse- und Fleischtortelloni.

− 50 %

Butterzubereitung

Louis d'Or Kräuterbutter
Penny Markt GmbH, 50603 Köln
Veterinärkontrollnummer: DE BY 111 EG

Meggle Kräuterbutter
Meggle, 83512 Wasserburg
Veterinärkontrollnummer: DE BY 111 EG

Info Essen Sie Ihr Steak auch am liebsten mit einer
kleinen Scheibe zartschmelzender Kräuterbutter?
Wenn Sie bislang zu Meggle gegriffen haben,
versuchen Sie es doch mal mit der Penny-Variante
Louis d'Or. Zwar sucht man hier das bekannte
Firmenlogo von Meggle – ein dreiblättriges Klee-
blatt – vergeblich, trotzdem stammt auch diese Handelsmarke
aus der Meggle-Produktionsanlage in Wasserburg am Inn.

− 17 %

Tiefkühl-Fertiggericht

Arktis Wurstgulasch
Penny Markt GmbH, 50603 Köln
Veterinärkontrollnummer: DE EV 22 EG

Apetito Ungarische Gulasch Pfanne
Apetito Convenience, 48432 Rheine
Veterinärkontrollnummer: DE EV 22 EG

Info Ursprünglich kommt Apetito aus der Gemein-schaftsverpflegung, doch mittlerweile hat sich das Familienunternehmen aus Rheine auch als bedeutender Einzelhandels-Lieferant von Tiefkühl-Fertiggerichten etabliert. Der Löwenanteil wird allerdings nicht unter dem eigenen Namen vermarktet, sondern verlässt als No-Name-Produkt das Haus.

– 6 %

Tiefkühl-Fertiggericht

Küchenmeister Mini Schweineschnitzel
Penny Markt GmbH, 50603 Köln
Veterinärkontrollnummer: DE EV 254 EG

Vossko Mini Schnitzel vom Schwein
Vossko-Tiefkühlkost GmbH, 48343 Ostbevern
Veterinärkontrollnummer: DE EV 254 EG

Info Im westfälischen Ostbevern verarbeitet das Familienunternehmen Vossko Hähnchen-, Puten- und Schweinefleisch zu Tiefkühl-Fertiggerichten. Von aufwendigen PR-Kampagnen hält die Firma nicht viel, sondern investiert nach eigenen Angaben lieber in neue Fertigungs- und Verpackungsanlagen. Der Anteil an Handelsmarken soll bei Vossko rund 60 Prozent betragen.

– 7 %

Fertiggericht

Naturgut Bio Erbseneintopf
Penny Markt GmbH, 50603 Köln
Veterinärkontrollnummer: DE EV 76 EG

Zimmermann Bio Erbseneintopf
Fleischwerke E. Zimmermann GmbH & Co. KG,
87470 Thannhausen
Veterinärkontrollnummer: DE EV 76 EG

Info Die Fleischwerke Zimmermann aus
Thannhausen, eine 100-prozentige Tochter der Molkerei Ehrmann, produzieren neben
bayerischen und schwäbischen Schmankerln wie Weißwürsten, Leberknödeln oder
Maultaschen eine ganze Reihe von Fertiggerichten auf Bio-Basis. Das Penny-
Süppchen köchelte möglicherweise im gleichen Topf wie das Markenprodukt: Die
Zutatenlisten sind jedenfalls identisch.

– 5 %

Schimmelkäse

Louis d'Or Weichkäse mit Blau- und Weißschimmel
Penny Markt GmbH, 50603 Köln
Veterinärkontrollnummer: DK M 276 EC

Castello Blue Dänischer Weichkäse mit Blauschimmel
Arla Foods amba, DK-8260 Viby
Veterinärkontrollnummer: DK M 276 EC

Info Castello Blue ist einer der bekanntesten
dänischen Exportschlager im deutschen Lebensmittelhandel. Doch offensichtlich will der Hersteller
auch am No-Name-Boom seines südlichen Nachbar-
landes partizipieren. Eigenmarken, die von Arla
Foods produziert werden, liegen zuhauf in den Regalen, wie auch das nachfolgende
Beispiel zeigt.

– 50 %

Frischkäse

Campus Frischkäse
Penny Markt GmbH, 50603 Köln
Veterinärkontrollnummer: DK M 198 EC

Buko Frischkäse
Arla Foods amba, DK-8260 Viby
Veterinärkontrollnummer: DK M 198 EC

Info »Wir sind ein bedeutender Handelsmarkenlieferant«, bestätigt Arla Foods gegenüber der Lebensmittel Zeitung. Nicht nur Penny, sondern beispielsweise auch Aldi oder Kaufland ordern dänische Private Labels. Bei Frischkäse ist Buko nach Firmenangaben in Deutschland die Nummer zwei hinter Philadelphia von Kraft Foods.

– 45 %

Frischkäsezubereitung

Louis d'Or Frischkäsezubereitung mit Paprika und Chili
Penny Markt GmbH, 50603 Köln
Veterinärkontrollnummer: DE BY 706 EG

miree Frischkäsezubereitung Paprika-Chili
Karwendel, 86802 Buchloe
Veterinärkontrollnummer: DE BY 706 EG

Info Exquisa ist das bekannteste Label der Karwendel-Werke, doch auch mit der Spezialitäten-Schiene »miree« ist das bayerische Familienunternehmen seit 1982 auf dem Markt. Unter diesem Namen werden cremige Frischkäseerzeugnisse mit Kräutern, Gewürzen oder anderen Zutaten vertrieben. Für den Discounter Penny »klonen« die Karwendel-Werke ihr eigenes Markenprodukt.

– 20 %

Norma

Norma gilt als Nahversorger mit Lokalkolorit. Das Privatunternehmen mit Sitz in Nürnberg hat europaweit rund 1 300 Filialen und bündelt seine Aktivitäten in Deutschland vor allem im südlichen Raum und in den neuen Bundesländern.

Das Sortiment des »Billigmaxe« ist mit rund 800 Artikeln eindeutig auf Güter des täglichen Bedarfs ausgerichtet. »Wenn du Erfolg haben willst, begrenze dich«, lautet folglich die Devise des Hauses. Im Gegensatz zu anderen Discountern, die ihr Sortiment fortlaufend erweitern, setzt man bei Norma auf Übersichtlichkeit. »Mit unserem ausgeprägten Regional- und Frischeprofil sowie unserer hohen Qualität bieten wir unseren Kunden einen schnellen und einfachen Einkauf«, lässt das Management verlauten.

»Land und Leute« nehmen bei Norma einen besonders hohen Stellenwert ein. Während bei der Konkurrenz regionale Produkte eher die Ausnahme sind, hat Norma das Potenzial von Heimatnähe und Authentizität frühzeitig erkannt und sich mit einem entsprechenden Sortiment ein klares Profil verschafft. Je nach Filiale finden die Kunden beispielsweise Bier aus ihrer örtlichen Brauerei im Mehrweggebinde vor. Im Jahr 1990 entwickelte Norma die Dachmarke »Qualität aus unseren Landen« und gab auf diese Weise auch Lebensmitteln aus den neuen Bundesländern eine Chance, gelistet zu werden.

Der Anteil an Markenartikeln ist bei Norma als klassischem Hard-Discounter naturgemäß begrenzt, das Hauptaugenmerk liegt auf den Eigenmarken wie »Goldglück«, »Küchenstolz« oder »BioSonne«.

Seit über vier Jahrzehnten mischt Norma als vergleichsweise kleiner Marktteilnehmer unter den Discount-Riesen mit – und immer wieder taucht in der Branche die Frage auf, ob so ein Handelsunternehmen in dieser Größenordnung langfristig überhaupt überlebensfähig sei. Diesen Spekulationen stellt sich Norma selbstbewusst entgegen: »Umsatzwachstum ausschließlich durch Flächenwachstum zu generieren, ist nicht unser Anliegen. Unsere Expansionspolitik folgt dem Leitbild qualitativen, sicheren Wachstums.«

Gebäck

Goldora Russisch Brot
Le Cafe Gebäck GmbH, 29635 Schneverdingen

Bahlsen Russisch Brot
Bahlsen, 30001 Hannover

Info Sie knabbern gerne Russisch Brot –
jene Knusperteilchen, die traditionell in
Buchstabenform gebacken werden? Dann
vergleichen Sie doch mal die Zutatenliste vom
Bahlsen-Original und der No-Name-Variante
von Penny: Sie werden keine Unterschiede
feststellen. Vom niedersächsischen Schneverdingen aus bedient Bahlsen teilweise den
Private-Label-Markt.

– 38 %

Frischteig

Croissants, backfertiger Frischteig
Info Fita GmbH, 22056 Hamburg

Knack und Back Croissants
General Mills GmbH, 22083 Hamburg

Info Zugegeben, praktisch sind sie ja, die
backfertigen Frischteige: Ein kurzes Ziehen
am Etikett genügt, und schon quellen
potenzielle Croissants aus der Dose. Falls Sie
bisher Knack & Back von General Mills
bevorzugt haben, testen Sie doch einfach mal die Norma-Variante von Info Fita aus.
Schließlich sitzen beide Hersteller in der Wandsbeker Königstraße 9 in Hamburg.

– 31 %

Weichkäse

Rahmglück Pfeffer-Weichkäse
Käsehandelsgesellschaft Rosenheim mbH, 83043 Bad Aibling
Veterinärkontrollnummer: DE BY 132 EG

Bonifaz Weichkäse Pfeffer
Bergader Privatkäserei, 83309 Waging/Oberbayern
Veterinärkontrollnummer: DE BY 132 EG

Info Die Privatkäserei Bergader produziert so beliebte Käsesorten wie Bonifaz oder Bavaria Blu und bedient sich ihrer »Käsehandelsgesellschaft Rosenheim« als Wegbereiter fürs No-Name-Business. Nicht nur Norma, sondern beispielsweise auch Aldi Süd und Edeka lassen sich vom oberbayerischen Familienunternehmen mit Private Labels bestücken.

− 34 %

Mozzarella

Goldglück Mozzarella
Hergestellt für Norma: Goldsteig Käsereien Bayernwald GmbH, 93413 Cham
Veterinärkontrollnummer: DE BY 301 EG

Goldsteig Mozzarella
Goldsteig Käsereien Bayernwald GmbH, 93413 Cham
Veterinärkontrollnummer: DE BY 301 EG

Info »Mit einer Jahresproduktion von 50 000 Tonnen sind wir Deutschlands größter Mozzarellahersteller«, rechnet Goldsteig vor. Doch die eigene, gleichnamige Marke dürfte bei dieser Erfolgsbilanz nicht den Löwenanteil ausmachen; vielmehr profitiert die niederbayerische Molkerei überproportional vom Handelsmarkenboom.

− 11 %

Senf

Küchenstolz Delikatess-Senf
Hergestellt für Norma von Süko GmbH,
84347 Pfarrkirchen

Develey mittelscharfer Senf
Develey Senf- und Feinkost GmbH,
82001 Unterhaching/München

Info Hinter Süko steckt der allseits bekannte
Feinkosthersteller Develey. »Wir verschließen uns keinen Märkten«, formuliert
Develey gegenüber der Presse diplomatisch sein No-Name-Engagement. Zu
Develey gehört unter anderem auch die sächsische Kult-Marke »Bautz'ner« sowie
die französische Senfmarke »Reine de Dijon«.

− 77 %

Gewürze

Columbia Paprika edelsüß
Flora Gewürze, 49198 Dissen

Fuchs Paprika edelsüß
Fuchs edle Gewürze, 49198 Dissen

Info Die Unternehmensgruppe Fuchs GmbH ist weltweit der zweitgrößte Gewürzanbieter und schickt unter
anderem seine Tochtergesellschaft Flora Gewürze ins
Rennen, wenn es um Discount-Ware geht. Die Preisdifferenz beider Produkte ist
beachtlich: Das Paprikapulver von Fuchs (45 Gramm) kostete 3,59 Euro, für 50 Gramm
vom Norma-Gewürz mussten wir nur 49 Cent hinblättern.

− 88 %

Norma

Knabberartikel

Grandos Snack Cocktail
Top Snacks GmbH, 64404 Bickenbach

gold fischli Maxi Mix
Wolf Snäck und Gebäck GmbH, 64665 Alsbach

Info Das Handelsregister der Stadt Darmstadt
hilft dabei, den Verflechtungen zwischen Markenhersteller
und Discounter-Lieferant auf den Grund zu gehen. Als
Eigentümer der Top Snacks GmbH wird Deutschlands
Marktführer für Knabberartikel angeführt, die Intersnack
Knabber-Gebäck GmbH & Co. KG. Und zu diesem Unternehmen gehört auch die Wolf Snack und Gebäck GmbH.

− 45 %

Quarkzubereitung

Milpro Premium Quark-Dessert
Hergestellt für Norma von Milchfrisch Vertriebs-GmbH,
71229 Leonberg
Veterinärkontrollnummer: DE BY 727 EG

Ehrmann Früchtetraum
Ehrmann AG, 87770 Oberschönegg
Veterinärkontrollnummer: DE BY 727 EG

Info »Ehrmann – keiner macht mich mehr an«, so
wirbt Ehrmann für sein breit aufgestelltes Marken-
sortiment. Eines der Vorzeigeprodukte des Allgäuer
Unternehmens ist der Früchtetraum – eine Frischkäsezubereitung mit Fruchtzusatz. Für Norma produziert
die Molkerei ein Discount-Pendant in ähnlicher
Aufmachung.

− 17 %

Puddingpulver

Aromax Puddingpulver Schokolade
Hergestellt für Norma von Osna
Nährmittel GmbH, 49026 Osnabrück

Ruf Pudding Schokolade
Ruf Lebensmittelwerk KG,
49610 Quakenbrück

Info Mit der Firma Osna Nährmittel
ist das so eine Sache: Es gibt keine Website, keine Artikel in der Fachpresse, keine
anderweitigen Verlautbarungen. Da liegt die Vermutung nahe, dass hinter diesem
Mauerblümchen eigentlich ein ganz anderer Hersteller steckt. Aufschluss geben
diverse Handelsregistereintragungen: Sie verweisen auf den Markenhersteller Ruf.

– 36 %

Preiselbeeren

Ernte Krone Wild-Preiselbeeren
Hergestellt für Norma von Valenzi GmbH
& Co. KG, 29556 Sunderburg

Valenzi Wild-Preiselbeeren
Valenzi GmbH & Co. KG, 29556 Sunderburg

Info Der Früchteverwerter Valenzi findet
für seine Wildpreiselbeeren blumige Worte
und bezeichnet sie als das »Rote Gold des
Waldes«. Beim Discounter Norma gibt es diese Kostbarkeit auch für den schmalen
Geldbeutel: Die Ernte-Krone-Variante, die ebenfalls aus Sunderburg stammt, kostet
fast nur die Hälfte.

– 45 %

Edeka

Edeka ist die Nummer eins im deutschen Lebensmittelhandel. Was auf den ersten Blick vielleicht überraschen mag, wird bei näherem Hinsehen auf die breit angelegte Unternehmensstruktur deutlich. Denn zu Edeka gehören nicht nur die rund 4 500 selbstständigen, genossenschaftlich organisierten Einzelhandelskaufleute, die ihre Geschäfte je nach Größe unter der Dach-Marke »nah & gut«, »Neukauf«, »Super 2000« oder »E Center« betreiben, sondern auch mehrere Discounter und SB-Handelshäuser.

Mit Übernahmen und Fusionen ging es in den letzten Jahren Schlag auf Schlag. 2005 wurde die deutsche Spar mit ihren rund 2 100 Einzelhändlern sowie deren Discount-Tochter Netto »geschluckt«, und kurz darauf wurden auch alle Marktkauf-Verbrauchermärkte vollständig in die Edeka-Gruppe integriert.

Der jüngste Coup gelang dem Unternehmen Ende 2008, als das Bundeskartellamt schließlich die mehrheitliche Übernahme der deutschen Plus-Filialen genehmigte, die bislang zur Tengelmann-Gruppe gehörten. Mit der Zusammenlegung der beiden Discounter Netto und Plus bastelt Edeka derzeit an einem neuen Billig-Riesen.

Stillstand ist von Edeka auch in Zukunft nicht zu erwarten. »Wir sehen noch viele weiße Flecken auf der Landkarte für Super- und Discount-Märkte – beispielsweise in Nordrhein-Westfalen. Da schaffen wir mit Edeka gerade mal sieben Prozent«, erklärte Edeka-Chef Markus Mosa in einem Presse-Interview.

Für die Auswahl und das Qualitätsmanagement der Edeka-Eigenmarken ist die Firmenzentrale mit Sitz in Hamburg zuständig. Vor allem mit der Preiseinstiegsmarke »Gut & Günstig« wolle man seinen Kunden eine Alternative zu Aldi und Co. bieten. Verbraucher könnten sich den Weg zum Discounter sparen, versichert das Handelsunternehmen, schließlich sei die Qualität des »Gut & Günstig«-Sortiments mit der Qualität von bekannten und führenden Discount-Artikeln »absolut vergleichbar«.

Frikadellen

Gut & Günstig Frikadellen
EUCO GmbH, 22291 Hamburg
Veterinärkontrollnummer: DE EV 219 EG

Abbelen Frikadellen
Abbelen Fleischwaren GmbH & Co. KG,
47918 Tönisvorst
Veterinärkontrollnummer: DE EV 219 EG

Info Der westfälische Fleischwaren-
produzent Abbelen bietet das, was
Verbraucher offenbar immer mehr zu schätzen wissen: fix und fertig zubereitete
Snacks für den schnellen Verzehr. Egal, ob Sie nun zu den Buletten in der Marken-
verpackung oder zur Billigalternative greifen, beide Fleischklopse stammen aus
der gleichen Fabrik.

– 24 %

Feinkostsalat

Gut & Günstig Geflügelsalat mit Früchten
EUCO GmbH, 22291 Hamburg
Veterinärkontrollnummer: DE SH EFB 066 EG

Popp Geflügel-Salat
Popp Feinkost, 24568 Kaltenkirchen
Veterinärkontrollnummer: DE SH EFB 066 EG

Info Popp Feinkost zählt zu den größten Feinkosthersteller-
lern in Deutschland und räumt ganz offen ein, nicht nur
unter dem eigenen Namen aufzutreten: »Die Produkte von
Wernsing/Popp Feinkost werden in nahezu allen Ländern
der EU sowohl unter der Marke Popp als auch unter Handelsmarken verkauft.«

– 37 %

Edeka

Tortelloni

Gut & Günstig Fleisch-Tortelloni
EUCO GmbH, 22291 Hamburg
Veterinärkontrollnummer: DE EV 110 EG

Steinhaus Fleisch Tortelloni
Steinhaus GmbH, 42897 Remscheid/Lennep
Veterinärkontrollnummer: DE EV 110 EG

Info Die Gut & Günstig-Tortelloni werden zwar auch bei Steinhaus in Remscheid produziert, aber die »inneren Werte« weichen dann doch deutlich voneinander ab. In den günstigeren Edeka-Nudeln sind nur 35 Prozent Schweinefleisch enthalten, Steinhaus selbst bestückt seine Teigwaren mit 55 Prozent Fleisch.

– 44 %

Tiefkühl-Paella

Gut & Günstig Paella
EUCO GmbH, 22291 Hamburg
Veterinärkontrollnummer: DE HB EFB 048 EG

Frosta Paella
Frosta AG, 22761 Hamburg
Veterinärkontrollnummer: DE HB EFB 048 EG

Info Frosta produziert im Auftrag vieler Handelsketten Eigenmarken, allerdings greift dann nicht das viel gelobte »Frosta-Reinheitsgebot«. Am Paella-Beispiel erläutert das Unternehmen die entsprechenden Abstufungen: »Die wesentlichen Unterschiede von Frosta zu Handelsmarken sind der komplette Verzicht auf alle Zusatzstoffe, der traditionell gekochte Meeresfrüchtefond, der echte Safran und der höhere Anteil an Meeresfrüchten.«

– 66 %

Kaffeesahne

Gut & Günstig Kaffeesahne
EUCO GmbH, 22291 Hamburg
Veterinärkontrollnummer: DE BY 721 EG

Zott Kaffeesahne
Zott, 86690 Mertingen
Veterinärkontrollnummer: DE BY 721 EG

Info Mozzarella, Joghurt, Kaffeesahne …
die schwäbische Privatmolkerei Zott beliefert
den Handel mit verschiedenen Eigenmarken.
Geredet wird darüber nur ungern, denn in
erster Linie sieht sich Zott als klassischer
Markenartikler und pflegt sein Image als »Genussmolkerei«.

− 42 %

Buttermilch

Gut & Günstig Reine Buttermilch
EUCO GmbH, 22291 Hamburg
Veterinärkontrollnummer: DE SN 016 EG

Müller Reine Buttermilch
Molkerei Alois Müller GmbH & Co. KG,
86850 Aretsried
Veterinärkontrollnummer: DE SN 016 EG

Info Die Produktion von No-Name-
Buttermilch scheint eines der Steckenpferde der Unternehmensgruppe Theo Müller
zu sein. Jedenfalls taucht die Müllersche Veterinärkontrollnummer bei zahlreichen
Billigvarianten auf. Die Preisdifferenz zwischen Marke und Private Label beträgt dabei
stets rund 50 Prozent.

− 51 %

Gulaschsuppe

Gut & Günstig Gulaschsuppe
EUCO GmbH, 22291 Hamburg
Veterinärkontrollnummer: DE EV 825 EG

Struik Gulaschrahmsuppe Bio
Struik Foods Deutschland GmbH, 14547 Beelitz
Veterinärkontrollnummer: DE EV 825 EG

Info In den Niederlanden ist der Lebensmittelproduzent Struik
ein allseits bekannter Suppen- und Saucenhersteller, hier in
Deutschland produziert das Unternehmen vornehmlich Private
Labels. Zudem besitzt die Firma auch die Rechte an der Her-
stellung von Eintöpfen und Fertiggerichten unter dem Label
»Müller's Mühle«.

— 56 %

Quarkzubereitung

Mibell Feine Quarkcreme
Edeka Zentrale AG & Co. KG, 22291 Hamburg
Veterinärkontrollnummer: DE NI 059 EG

Ravensberger Feine Quarkcreme
Humana Milchunion eG, 48351 Everswinkel
Veterinärkontrollnummer: DE NI 059 EG

Info Molkereierzeugnisse mit der Veterinärkontrollnummer DE NI 059 EG sind Stammgast im Kühlregal: Fast jede
Handelskette lässt sich von Humana mit Eigenmarken
beliefern. Ein Schnäppchen konnten wir mit dem Griff zu
Mibell allerdings nicht machen. Beide Quarkcremes, die
sich bei Edeka brüderlich das Kühlregal teilten, hatten den
gleichen Preis.

— 0 %

Butterzubereitung

Mibell Kräuterbutter
Edeka Zentrale AG & Co. KG, 22291 Hamburg
Veterinärkontrollnummer: IE 1092 EC

Kerrygold Irische Kräuterbutter
Hergestellt in Ireland für Irish Dairy Board, Dublin
Veterinärkontrollnummer: IRL 1092 EEC

Info Auch in der Edeka-Eigenmarke steckt das
»Gold der Grünen Insel«: Kerrygold und No-Name-
Produkt stammen aus dem gleichen Produktionsbetrieb. Trotzdem ist die Marke
hochwertiger. Die Kerrygold-Rezeptur besteht ausschließlich aus Butter, frischen
Kräutern und Gewürzen. Der Mibell-Kräuterbutter wurde dagegen auch Wasser,
Hefeextrakt und Maltodextrin zugesetzt.

− 37 %

Back-Camembert

Gut & Günstig Back-Camembert
Euco GmbH, 22291 Hamburg
Veterinärkontrollnummer: DE BY 144

Alpenhain Back-Camembert
Alpenhain Käsespezialitäten-Werk, 83539 Lehen/Oberbayern
Veterinärkontrollnummer: DE BY 114

Info Vorgebackener, panierter Camembert ist ein
beliebter Convenience-Snack. Marktführer in diesem
Bereich ist der oberbayerische Hersteller Alpenhain, der
seine Käsespezialitäten sowohl gekühlt als auch tiefgefro-
ren in den Handel bringt. Nicht immer steht dabei das
eigene Logo auf der Verpackung, Alpenhain ist auch im
No-Name-Segment gut aufgestellt.

− 32 %

Rewe

Die genossenschaftliche Handelsgruppe Rewe wurde bereits 1927 gegründet. Neben dem Lebensmittelhandel macht die Touristik einen bedeutenden Geschäftsbereich der Rewe-Group aus (Dertour, Meier's Weltreisen, Jahn Reisen).

Zu Rewe gehören derzeit rund 3 300 Super- und Verbrauchermärkte. Lange Zeit war der Name Rewe jenen Supermärkten vorbehalten, die von selbstständigen Kaufleuten geführt wurden. In den letzten Jahren wurden jedoch auch Filialbetriebe wie miniMal, HL, Stüssgen oder Extra mit dem Rewe-Logo ausgestattet. Die Discount-Schiene bedient der Kölner Konzern über seine Penny-Filialen; zudem lassen sich sämtliche Kaufpark-Filialen in Nordrhein-Westfalen von Rewe beliefern.

Obwohl die Rewe-Märkte klassische Supermärkte mit einem breiten Sortiment an Markenartikeln sind, wird die Eigenmarken-Range derzeit massiv ausgebaut. Gegenwärtig machen firmeneigene No-Name-Artikel rund 17 Prozent des Gesamtsortiments aus, bis zum Jahr 2011 soll sich diese Quote fast verdoppeln. Rewe hat sein Handelsmarkenkonzept in den letzten zwei Jahren völlig umgekrempelt und dabei den eigenen Firmennamen in den Vordergrund gerückt. Die neuen Private Labels verstecken sich nicht länger hinter Fantasienamen wie »Salto«, »Erlenhof« oder »today«, sondern wurden in »Rewe« umgetauft und kommen als Qualitäts-Marken in edel gestalteten Schachteln, Gläsern und Tüten daher. Selbst der Vorreiter aller Bio-Handelsmarken, die alteingesessene Rewe-Eigenmarke »Füllhorn«, fiel dem neuen Corporate Identity zum Opfer. Auch auf Öko-Ware prangt mittlerweile der Schriftzug »Rewe Bio«.

Nur bei der Preiseinstiegsmarke »ja!« mit ihren rund 300 Artikeln bleibt alles beim Alten. Weil das beliebte Billiglabel mit seiner weißen Verpackung und dem prägnant blauen Schriftzug seit über 25 Jahren auf dem Markt ist und bei den Verbrauchern einen extrem hohen Wiedererkennungswert besitzt, lässt man diese Schiene weitgehend unverändert weiterlaufen.

Käse in Salzlake

Ja! Balkan-Käse
Hergestellt für: REWE-Handelsgruppe GmbH, 50603 Köln
Veterinärkontrollnummer: DE BY 123 EG

Patros Käse in Salzlake
Patros, 88178 Heimenkirch
Veterinärkontrollnummer: DE BY 123 EG

Info Sieht aus wie Feta, schmeckt wie Feta – und darf
trotzdem nicht so genannt werden. Laut EU-Rechtssprechung
darf kein in Deutschland hergestellter Käse mehr als »Feta«
verkauft werden, sondern muss die sperrige Verkehrsbezeichnung »Käse in Salzlake« tragen. Wie auch immer: Patros ist
Marktführer in diesem Bereich und produziert für Rewe auch
günstige Private Labels.

– 45 %

Geriebener Käse

REWE Gouda gerieben
Hergestellt für: REWE-Handelsgruppe
GmbH, 50603 Köln
Veterinärkontrollnummer:
DE BY 7125 EG

Bayernland Gouda geraspelt
Bayernland eG, 90441 Nürnberg
Veterinärkontrollnummer:
DE BY 7125 EG

Info Die Bayernland eG ist eine der größten deutschen Vermarktungs-
organisationen für Butter-, Natur- und Schmelzkäseerzeugnisse. Sowohl
der Marken- als auch der No-Name-Reibekäse stammen laut Veterinärkontrollnummer von deren Tochterunternehmen, der Bergland
Naturkäse GmbH in Lindenberg im Allgäu.

– 6 %

Pastazubereitung

Rewe Cappelletti Funghi
Hergestellt für: REWE-Handels-
gruppe GmbH, 50603 Köln
Veterinärkontrollnummer:
DE EV 110 EG

Steinhaus Steinpilz-Tortelli
Steinhaus GmbH,
42897 Remscheid
Veterinärkontrollnummer:
DE EV 110 EG

Info Dass die deutschen Verbraucher zwar gerne Kochshows sehen, sich aber immer seltener selbst hinter den Herd stellen, kommt Steinhaus gerade recht: Gekühlte, vorgekochte Teigwaren sind ein lukratives Standbein des Remscheider Familienunternehmens. Produziert wird sowohl unter eigenem als auch unter No-Name-Banner.

– 54 %

Fischdauerkonserven

Ja! Heringsfilets in Tomatensauce
Hergestellt für: REWE-Handelsgruppe GmbH,
50603 Köln
Veterinärkontrollnummer: DE SH EFB 009 EG

Hawesta extra zarte Heringsfilets in Tomaten-Creme
Hawesta-Feinkost Hans Westphal, 23568 Lübeck
Veterinärkontrollnummer: DE SH EFB 009 EG

Info »Wir verfolgen eine klassische Markenartikelpolitik und sind Deutschlands bekannteste, beliebteste und meistverkaufte Fischdauerkonserven-Marke«, lässt das Lübecker Unternehmen Hawesta verlauten. Von Handelsmarken ist auf der Website nichts zu lesen, trotzdem werden sie produziert: Ja! und Hawesta teilen sich eine Veterinärkontrollnummer.

– 54 %

Fertigsaucen

Rewe Schinken-Sahne-Sauce
Hergestellt für: REWE-Handelsgruppe
GmbH, 50603 Köln
Veterinärkontrollnummer:
DE EV 110 EG

Steinhaus Schinken-Sahne-Sauce
Steinhaus GmbH, 42897 Remscheid
Veterinärkontrollnummer:
DE EV 110 EG

Info Was nutzt eine Pasta ohne leckere Sauce? Steinhaus hat sich auf diese Nachfrage längst eingestellt und liefert zu seinen Nudeln gleich die passenden Fertigsaucen mit. Dieser Rundum-Glücklich-Service weckte offensichtlich Begehrlichkeiten bei den Einkäufern von Rewe. Warum sonst würde ein entsprechendes Private Label im Kühlregal hängen, das die gleiche Zutatenliste hat wie das Markenprodukt?

– 16 %

Tiefkühl-Fischstäbchen

Ja! Fischstäbchen
Hergestellt für: REWE-Handels-
gruppe GmbH, 50603 Köln
Veterinärkontrollnummer:
DE NI EFB 001 EG

Pickenpack Fischstäbchen
Pickenpack-Hussmann & Hahn Seafood GmbH,
21339 Lüneburg
Veterinärkontrollnummer: DE NI EFB 001 EG

Info Auch wenn Ihnen der Name »Pickenpack-Hussmann & Hahn« nicht allzu viel sagen dürfte, spielt die Firma trotzdem in der Oberliga der Tiefkühlfisch-Produzenten mit. Rund 400 Millionen Haushaltspackungen Fischstäbchen laufen in Lüneburg jährlich vom Band. Allerdings wird davon nur ein geringer Teil unter dem eigenen Namen vermarktet, das Gros geht als Handelsmarke über die Ladentheken.

– 26 %

Feinkostsalat

Ja! Delikatess Fleischsalat
Hergestellt für: REWE-Handelsgruppe GmbH, 50603 Köln
Veterinärkontrollnummer: DE EV 025 EG

Homann Feiner Fleischsalat
Homann Feinkost, 49197 Dissen
Veterinärkontrollnummer: DE EV 025 EG

Info In diesem Ratgeber ist Ihnen die Firma Homann schon öfter begegnet, schließlich bestückt der Marktführer aus Dissen fast alle Handelsketten mit No-Name-Produkten. Auch Rewe ist mit von der Partie: Der Ja!-Fleischsalat trägt die bekannte Betriebskennziffer DE EV 025 EG.

− 59 %

Geflügelwurst

Ja! Geflügelfleischwurst
Hergestellt für: REWE-Handelsgruppe GmbH, 50603 Köln
Veterinärkontrollnummer:
DE NW EV 221 EG

Wiesenhof Geflügelfleischwurst
Wiesenhof Geflügelwurst GmbH & Co. KG, 33397 Rietberg
Veterinärkontrollnummer:
DE NW EV 221 EG

Info Zugegeben, die Geflügelfleischwurst von Ja! sieht ziemlich unscheinbar aus, während das Markenprodukt von Wiesenhof weitaus appetitlicher aufgemacht ist. Doch lassen Sie sich nicht von der Optik täuschen: Beide Wursterzeugnisse stammen aus dem gleichen Verarbeitungsbetrieb.

− 20 %

Schmelzkäsescheiben

Ja! Chester Schmelzkäse
Hergestellt für: REWE-Handelsgruppe GmbH, 50603 Köln
Veterinärkontrollnummer: DE BY 745 EG

Hochland Chestery Schmelzkäse
Hochland, 88178 Heimenkirch
Veterinärkontrollnummer: DE BY 745 EG

Info Toastbrot, Schinken, Ananas – und zur Krönung
eine Scheibe Schmelzkäse: Toast Hawaii ist aus der
deutschen Küche nicht wegzudenken. Wenn Sie bislang
gerne zu Hochland-Käse gegriffen haben, können Sie
demnächst auch mal das günstigere No-Name-Produkt
von Rewe antesten. Schließlich teilen sich beide Erzeugnisse dieselbe Herkunft.

– 49 %

Fettreduzierter Joghurt

Rewe 0,1 % Fett Joghurt mild
Hergestellt für: Rewe-Handelsgruppe GmbH, 50603 Köln
Veterinärkontrollnummer: DE BY 721 EG

Zott Jogolé 0,1 % Fett
Zott, 86690 Mertingen
Veterinärkontrollnummer: DE BY 721 EG

Info Der fettreduzierte Fruchtjoghurt Jogolé ist eines der
Zugpferde von Zott. Rewe bietet unter seinem eigenen
Namen ein preiswerteres Pendant an, das ebenfalls bei Zott
hergestellt wird. Die Nährwerte beider Produkte sind recht
ähnlich, die Zutaten weichen allerdings etwas voneinander
ab. So enthält der No-Name-Joghurt beispielsweise als
Verdickungsmittel modifizierte Stärke.

– 36 %

Real

Die SB-Warenhauskette Real gehört zu einem der weltweit größten Handelskonzerne, der Metro-Group. Außer Lebensmitteln, die rund 75 Prozent des Umsatzes ausmachen, führen die 350 deutschen Real-Filialen auch ein breites Non-Food-Sortiment an Elektro- und Haushaltsgeräten, Spielzeug oder Kleidung.

Als Vollsortimenter zieht Real seine Kunden vor allem mit einem vielfältigen Angebot an Markenartikeln in seine Häuser; das Eigenmarken-Sortiment dümpelte dagegen bislang eher unspektakulär vor sich hin. Allein die Preiseinstiegsmarke TiP »Toll im Preis« war im Bewusstsein der Verbraucher fest verankert.

Doch vor Kurzem hat die Handelskette ihr Private-Label-Geschäft vollständig überarbeitet. Das frühere Stiefkind avancierte zur neuen Lieblingstochter. Mit extrem hohem Werbeaufwand hat das Handelshaus ein völlig neues Eigenmarken-Konzept mit rund 600 neuen Artikeln entwickelt, in dessen Mittelpunkt der Name »Real« steht. Während auf der Eigenmarke »TiP« nach wie vor eine sogenannte »Goldhand Vertriebsgesellschaft« aufgedruckt ist, benennt sich Real bei der neuen Private-Label-Linie direkt als Ansprechpartner.

Das Angebot deckt drei verschiedene Warengruppen ab: das mittlere Preissegment, die Bio-Schiene und die Premium-Range.

»Real Quality« ist dabei die Eigenmarke mit der größten Bandbreite und hat jene Zielgruppe im Visier, die beim Lebensmitteleinkauf zwar sparen möchte, dabei aber keine Qualitätseinbußen in Kauf nehmen will. Laut Firmenangaben lassen sich »Real Quality«-Produkte mit den Top-Marken namhafter Hersteller vergleichen, sind jedoch »spürbar günstiger«. Für den Premium-Bereich ist die neue Dachmarke »Real Selection« zuständig, die »hervorragende Qualität und außergewöhnlichen Geschmack« bieten soll. Und Ware aus ökologischem Anbau trägt neuerdings den Schriftzug »Real Bio« auf der Verpackung.

»Mit der Einführung unserer drei neuen Eigenmarken sind wir so gut aufgestellt wie kaum ein anderer Wettbewerber in Deutschland«, erklärte Joël Saveuse, Vorsitzender der Geschäftsführung, bei der Präsentation im Herbst 2008.

Gekühltes Kaffeegetränk

real,- Quality Espresso
real,- Handels GmbH, 40235 Düsseldorf
Veterinärkontrollnummer: CH 2406

Emmi Caffe Latte Espresso
Emmi Deutschland GmbH, 45127 Essen
Veterinärkontrollnummer: CH 2406

Info Vor allem in den Sommermonaten ist gekühlter, trinkfertiger Eiskaffee ein beliebter Muntermacher. In der obersten Liga der Hersteller spielt die Schweizer Firma emmi mit, die ihr Kultgetränk unter www.emmi-caffelatte.de aufwendig promotet. Beim No-Name-Produkt von Real geht's zwar deutlich bescheidener zu, trotzdem können Sie auch hier echte Schweizer Qualitätsware ergattern.

– 17 %

Schinkenwürstchen

TiP Schinkenwürstchen
Goldhand Vertriebsgesellschaft mbH,
40235 Düsseldorf
Veterinärkontrollnummer: DE EV 3 EG

Böklunder Echte Landbockwurst
Böklunder Plumrose, 24860 Böklund
Veterinärkontrollnummer: DE EV 3 EG

Info Böklunder präsentiert sich als »die Marke für Kompetenz und Innovation« und hat nach eigenen Angaben eine der modernsten Produktionsanlagen Europas: Alle 60 Sekunden werden in Böklund 2 000 Würstchen gefertigt. Allerdings wird die Fabrik nicht nur mit der eigenen Marke ausgelastet, auch Private Labels laufen en masse vom Band.

– 48 %

Hackfleischprodukte

real,- Quality Hackbällchen gebraten
real,- Handels GmbH, 40235 Düsseldorf
Veterinärkontrollnummer: DE EV 19 EG

**Artland Hackfleischröllchen
gebraten Cevapcici**
Artland, 49633 Badbergen
Veterinärkontrollnummer: DE EV 19 EG

Info Selbst Buletten braten ist
passé – in den Kühlregalen der
Handelsketten tauchen immer mehr
verzehrsfertige Hackfleischprodukte auf, die dank Mikrowelle innerhalb weniger
Minuten aufgetischt werden können. Einer der großen Hersteller ist die Firma
Artland aus Badbergen, die die Handelskette Real auch mit Private Labels versorgt.

– 8 %

Fertigsuppen

TiP Hühner-Suppentopf
Goldhand Vertriebsgesellschaft mbH, 40235 Düsseldorf
Veterinärkontrollnummer: DE EV 49 EG

Omi's Hühner-Suppentopf
Buss GmbH & Co. KG, 28866 Ottersberg
Veterinärkontrollnummer: DE EV 49 EG

Info Mit der Premiummarke Omi's möchte der Fertiggerichte-
hersteller Buss selbst Konservenmuffel dazu animieren, zum
Dosenöffner zu greifen. Doch auch der schlichte TiP-Hühnerein-
topf kommt aus der gleichen Suppenküche. Buss gilt als einer
der bedeutendsten No-Name-Lieferanten für Convenience-pro-
dukte und ist auch bei Aldi, Kaufland oder beispielsweise Plus
dick im Geschäft.

– 53 %

Schimmelkäse

TiP Dänischer Weichkäse mit Weiß- und Blauschimmel
Goldhand Vertriebsgesellschaft mbH, 40235 Düsseldorf
Veterinärkontrollnummer: DK M 276 EC

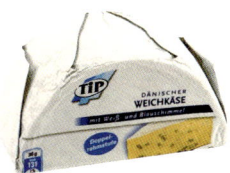

Castello Blue Dänischer Weichkäse mit Blauschimmel
Arla Foods amba, DK-8260 Viby
Veterinärkontrollnummer: DK M 276 EC

Info Bei Real liegt das Markenprodukt Castello im Kühlregal direkt neben seinem eigenen »Billig-Klon«. Die klein gedruckte Veterinärkontrollnummer verrät, dass beide Käsesorten von Arla Foods produziert werden, Europas größter genossenschaftlicher Molkerei mit dänisch-schwedischen Wurzeln.

– 63 %

Fischkonserven

TiP Heringsfilets in Mango-Pfeffer-Creme
Goldhand Vertriebsgesellschaft mbH, 40235 Düsseldorf
Veterinärkontrollnummer: DE SH EFB 009 EG

Hawesta extra zarte Heringsfilets in Pfeffer-Creme
Hawesta-Feinkost Hans Westphal, 23568 Lübeck
Veterinärkontrollnummer: DE SH EFB 009 EG

Info Hawesta ist vor Appel und Norda Deutschlands meistverkaufte Marke bei Fischdauerkonserven. Allerdings kämpft diese Warengruppe generell mit einem etwas angestaubten Image. Daher versuchen die Hersteller, beispielsweise mit fettreduzierten Varianten oder neuen, exotischen Rezepturen, frischen Wind in das Sortiment zu bringen.

– 47 %

Tiefkühl-Hähnchenzubereitung

real,- Quality Hähnchenpfanne
real,- Handels GmbH, 40235 Düsseldorf
Veterinärkontrollnummer: DE EZG 257 EG

Wiesenhof Hähnchenpfanne
Wiesenhof Geflügel Möckern GmbH,
39291 Möckern
Veterinärkontrollnummer: DE EZG 257 EG

Info Die PHW-Gruppe Lohmann & Co. AG ist
hierzulande der größte Geflügelzüchter und
-verarbeiter; jedes zweite Hähnchen in Deutschland wird von dem niedersächsischen Unternehmen geschlachtet. Vom ungebrochenen Appetit
der Verbraucher auf Hähnchenfleisch profitiert die
Firma zweifach: zum einen über die eigene Marke Wiesenhof, zum
anderen über die Private-Label-Schiene.

– 17 %

Joghurt

real,- Quality Sahne Joghurt mild
real,- Handels GmbH, 40235 Düsseldorf
Veterinärkontrollnummer: DE BY 112 EG

Mövenpick Rahmjoghurt mild
Hergestellt für Mövenpick in Deutschland durch
J. Bauer GmbH & Co. KG, 83512 Wasserburg
Veterinärkontrollnummer: DE BY 112 EG

Info Einen »kleinen Luxus im Alltag« verspricht
der Mövenpick-Rahmjoghurt, der in Lizenz von der
bayerischen Molkerei Bauer hergestellt wird. Doch laut
Veterinärkontrollnummer erhielt das Wasserburger
Familienunternehmen nicht nur für die Produktion dieser
Schweizer Premium-Marke den Zuschlag, sondern auch
für die neue Qualitäts-Eigenmarke von Real.

– 44 %

Schinkenwürfel

real,- Quality Gourmet-Schinken gewürfelt
real,- Handels GmbH, 40235 Düsseldorf
Veterinärkontrollnummer: DE NI EUZ 521 EG

Abraham Katenschinken gewürfelt
Abraham Schinken GmbH & Co. KG,
26676 Barßel-Harkebrügge
Veterinärkontrollnummer: DE NI EUZ 521 EG

Info Rohschinken, geräuchert oder luftgetrocknet, ist das Metier des Fleischverarbeiters Abraham, der sowohl die Bedientheken als auch die SB-Regale des Handels bestückt. Speziell für die Herstellung von Schinkenwürfeln stehen in einem niedersächsischen Werk fünf eigene Produktionsstraßen parat. Ein Teil der Jahresproduktion von 5 000 Tonnen verlässt im No-Name-Look das Haus.

– 5 %

Kaffeesahne

TiP Kaffeesahne
Goldhand Vertriebsgesellschaft mbH,
40235 Düsseldorf
Veterinärkontrollnummer: DE NW 402 EG

Bärenmarke Kaffeesahne
Allgäuer Alpenmilch GmbH, 84442 Mühldorf
Veterinärkontrollnummer: DE NW 402 EG

Info »Nichts geht über Bärenmarke …?« Testen Sie's doch einfach mal aus, ob Ihr Kaffee mit dem Private Label von TiP nicht ebenso gut schmeckt – auch wenn Sie von diesem Produkt kein treuherziger Teddybär anlächelt. Die Preisunterschiede sind wahrscheinlich größer als die Geschmacksunterschiede.

– 36 %

Zaziki

TiP Zaziki
Goldhand Vertriebsgesellschaft mbH, 40235 Düsseldorf
Veterinärkontrollnummer: DE NI 300 EG

Apostels Zaziki
Apostel Griechische Spezialitäten GmbH, 30827 Garbsen
Veterinärkontrollnummer: DE NI 300 EG

Info Die Firma Apostels legt nach eigenen Angaben
großen Wert darauf, die Hauptzutaten für ihre Produkte
selbst herzustellen und besitzt in Spanien eigene Gurken-
und Knoblauchplantagen sowie in Griechenland eigene
Olivenhaine. Dieser Qualitätsvorsprung kommt sicher nicht
nur den Apostels-Markenprodukten zugute, sondern auch
den zahlreichen No-Name-Varianten, die täglich die
Molkerei in Garbsen verlassen.

− 25 %

Butterzubereitung

TiP Kräuterbutter
Hergestellt für Goldhand Vertriebsgesellschaft mbH,
40235 Düsseldorf
Veterinärkontrollnummer: DE BY 111 EG

Meggle Kräuterbutter
Meggle, 83512 Wasserburg
Veterinärkontrollnummer: DE BY 111 EG

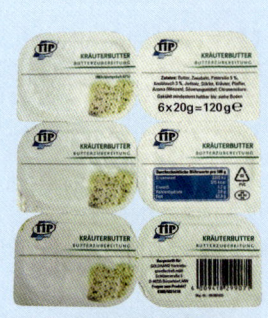

Info Auf ihrer Website hält die Privatmolkerei
Meggle interessante Rezeptideen für die Verwendung
von Meggle-Kräuterbutter parat. Probieren Sie doch
einfach mal aus, ob sich das Linsen-Safran-Süppchen
oder die Erbsentortilla nicht auch mit der Kräuterbutter von TiP schmackhaft zubereiten lässt. Schließlich
haben beide Produkte gemeinsame Wurzeln in Wasserburg.

− 31 %

95

Buttermilch

TiP Reine Buttermilch
Goldhand Vertriebsgesellschaft mbH,
40235 Düsseldorf
Veterinärkontrollnummer: DE SN 016 EG

Müller Reine Buttermilch
Molkerei Alois Müller GmbH & Co. KG,
86850 Aretsried
Veterinärkontrollnummer: DE SN 016 EG

Info Wundern Sie sich nicht, dass auch hier wieder der Name Müllermilch auftaucht: Das liegt schlichtweg an der marktbeherrschenden Stellung von Europas größter Privatmolkerei. Es ist schon fast die Regel, dass sich hinter jedem schmucklosen Buttermilch-Becher im No-Name-Look letztes Endes die Unternehmensgruppe Theo Müller verbirgt. Gewissheit bringt ein Blick auf den Veterinärkontrollstempel.

− 51 %

Harzer Käse

TiP Harzer Käse
Goldhand Vertriebsgesellschaft mbH, 40235 Düsseldorf
Veterinärkontrollnummer: DE ST 225 EG

Harzinger Großer Harzer
Herz König Harzinger Vertrieb GmbH,
06642 Wohlmirstedt
Veterinärkontrollnummer: DE ST 225 EG

Info Beim Harzer Käs' sind die Deutschen geteilter Meinung: In den neuen Bundesländern verputzen die Verbraucher jährlich rund 20 000 Tonnen Sauermilchkäse, während in den alten Bundesländern nur 3 600 Tonnen verkauft werden. Kein Wunder also, dass die größten Harzer-Produzenten in Ostdeutschland sitzen und von hier aus sowohl Marken- als auch No-Name-Produkte vertreiben.

− 51 %

Kaufland

Die Kaufland-Warenhäuser gehören ebenso wie der Discounter Lidl zur Schwarz-Gruppe. Für Verbraucher ist dieser Zusammenhang nicht erkennbar, beide Handelsketten agieren voneinander vollkommen unabhängig.

1984 wurde die erste Kaufland-Filiale in Neckarsulm eröffnet, zum Shootingstar entwickelte sich das Handelsunternehmen jedoch erst nach der Wende. Kaufland fasste in den neuen Bundesländern besonders erfolgreich Fuß und gilt heute als Marktführer in Ostdeutschland. Das bundesweite Filial-netz besteht momentan aus rund 500 Märkten, die nicht nur unter Kaufland, sondern auch unter Handelshof und KaufMarkt firmieren.

Ob Kaufland ein klassisches SB-Warenhaus oder eher eine Art »Groß-flächen-Discounter« ist – darüber gehen die Meinungen der Kunden weit aus-einander. Das Lebensmittelangebot jedenfalls besteht aus einem bunten Mix an bekannten und weniger bekannten Marken, einem vergleichsweise hohen Anteil an Waren aus den neuen Bundesländern sowie aus zahlreichen Private Labels.

Seine erste Handelsmarke führte Kaufland im Jahr 2003 ein. Unter dem Namen »K-Classic« werden seitdem vor allem Grundnahrungsmittel zu Dis-countpreisen angeboten.

Im Jahr 2008 wurde die Range um die Wohlfühlmarke »K-Classic Well you« ergänzt – eine Schiene mit rund 100 Produkten für eine gesundheitsbewusste Ernährung. Ob Tiefkühlgericht, Smoothie oder Molkedrink – in zweijähriger Entwicklungszeit tüftelte man bei Kaufland zusammen mit der Lebensmittel-industrie an einem breiten Sortiment besonders fettarmer und naturbelassener Lebensmittel.

Mit einer eigenen Bio-Marke hat sich das Neckarsulmer Unternehmen im Vergleich zu seinen Mitbewerbern besonders viel Zeit gelassen. Erst im März 2009 gab Kaufland den Startschuss für die Dachmarke »Kaufland Bio« und stell-te unter diesem Namen die ersten 100 Erzeugnisse aus biologischem Anbau beziehungsweise aus biologischer Tierhaltung ins Regal. Wenn die erforder-lichen Drehzahlen erreicht werden, soll das Bio-Sortiment verdreifacht werden.

Schmelzkäsescheiben

K-Classic Schmelzkäsescheiben Chester
Hergestellt für Kaufland Warenhandel
GmbH und Co. KG, 74149 Neckarsulm
Veterinärkontrollnummer: DE BY 745 EG

Hochland Schmelzkäse Chestery
Hochland, 88178 Heimenkirch/Allgäu
Veterinärkontrollnummer: DE BY 745 EG

Info Hochland spricht frank und frei über seine
No-Name-Schiene. »Ja. Die Hochland-Gruppe stellt auch
Handelsmarken her. Unser Tochterunternehmen liefert
Produkte für die Eigenmarken nahezu aller namhafter
europäischer Handelsunternehmen«, lässt das Familien-
unternehmen auf seiner Website verlauten.

– 49 %

Tiefkühl-Fertiggericht

K-Classic Schlemmerfilet Bordelaise
Hergestellt für Kaufland Warenhandel
GmbH & Co. KG, 74149 Neckarsulm
Veterinärkontrollnummer: DE HB EFB 038 EG

Iglo Schlemmerfilet à la Bordelaise
Iglo GmbH, 22774 Hamburg
Veterinärkontrollnummer: DE HB EFB 038 EG

Info Schlemmerfilet Bordelaise ist ein
Klassiker unter den Tiefkühl-Fertiggerichten.
Die Veterinärkontrollnummer beider Produkte
lässt sich der Frozen Fish International
zuordnen, einer langjährigen Unilever-Tochter.
Allerdings hat Unilever im Jahr 2006 diese Tiefkühlsparte verkauft; seitdem gibt in
dem Bremerhavener Betrieb die auf internationale Unternehmensbeteiligungen
spezialisierte Private Equity Gesellschaft »Permira« den Ton an.

– 18 %

Gouda

K-Classic Gouda am Stück
Hergestellt für Kaufland Warenhandel GmbH & Co. KG,
74149 Neckarsulm
Veterinärkontrollnummer: NL Z 0160 EG

Frico Gouda mittelalt
Frico Friesland Food Cheese Deutschland GmbH, 45079 Essen
Veterinärkontrollnummer: NL Z 0160 EG

Info Frico Friesland Food Cheese gehört zu einem der
größten Molkereiunternehmen der Welt: der Royal
Friesland Foods. Über seine Niederlassung in Essen bringt
das niederländische Unternehmen Gouda, Maasdamer &
Co. unter dem Label Frico in die heimischen Läden. Bei
Kaufland gibt's den holländischen Hartkäse allerdings
auch im K-Classic-Mäntelchen.

– 13 %

Rotkulturkäse

K-Classic Limburger
Hergestellt für Kaufland Warenhandel GmbH & Co. KG,
74149 Neckarsulm
Veterinärkontrollnummer: DE BY 709 EG

St. Mang Rahmromadur
Mang Käsewerk, 87754 Kammlach/Allgäu
Veterinärkontrollnummer: DE BY 709 EG

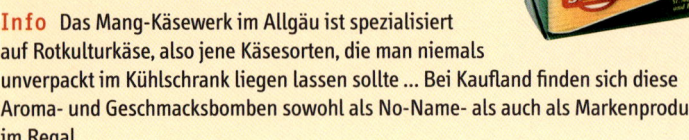

Info Das Mang-Käsewerk im Allgäu ist spezialisiert
auf Rotkulturkäse, also jene Käsesorten, die man niemals
unverpackt im Kühlschrank liegen lassen sollte … Bei Kaufland finden sich diese
Aroma- und Geschmacksbomben sowohl als No-Name- als auch als Markenprodukt
im Regal.

– 48 %

Camembert

K-Classic Camembert
Hergestellt für Kaufland Warenhandel GmbH & Co. KG,
74149 Neckarsulm
Veterinärkontrollnummer: DE SN 006 EG

Striegistaler Zwerge Camembert
Molkerei Hainichen/Freiberg GmbH & Co. KG, 09599 Freiberg
Veterinärkontrollnummer: DE SN 006 EG

Info Die sächsische Marke »Striegistaler Zwerge« hat
sich mittlerweile in ganz Deutschland ihren Platz im
Kühlregal erobert. Hersteller ist die Molkerei Hainichen,
an der die Ehrmann AG und die Käserei Champignon
Hofmeister je 50 Prozent der Firmenanteile besitzen. Für
Kaufland produziert die Molkerei auch Private Labels.

−13 %

Speisequark

K-Classic Speisequark
Hergestellt für Kaufland Warenhandel GmbH & Co. KG,
74149 Neckarsulm
Veterinärkontrollnummer: DE NI 059 EG

Ravensberger Speisequark
Humana Milchunion eG, 48351 Everswinkel
Veterinärkontrollnummer: DE NI 059 EG

Info »Das sinnvoll abgestimmte Miteinander aus eigenen
Marken und aus Handelsmarken hat sich für Humana zu einem
erfolgreichen Konzept entwickelt. Unsere Partner schätzen
unsere hohe Mengenverfügbarkeit und unser flexibles
Eingehen auf die Kundenwünsche.« Mit dieser Formulierung
verdeutlicht Humana in seinem aktuellen Geschäftsbericht, wie
wichtig für das Unternehmen die Produktion
von No-Name-Erzeugnissen ist.

−22 %

Kaufland

Milchreis

K-Classic Sahne Milchreis
Hergestellt für Kaufland Warenhandel GmbH & Co. KG,
74149 Neckarsulm
Veterinärkontrollnummer: DE SN 016 EG

Müller Milchreis
Molkerei Alois Müller GmbH & Co. KG, 86850 Aretsried
Veterinärkontrollnummer: DE SN 016 EG

Info Müllermilch ist ein alter Bekannter im No-Name-Business. »Wir nutzen seit 1994 die Synergien der Unternehmensgruppe für die professionelle Entwicklung und Herstellung von Handelsmarken«, heißt es dazu aus Aretsried. Beim Milchreis sind die Synergien kaum zu übersehen: Beide Varianten sind in puncto Verpackung, Aussehen und Rezeptur recht ähnlich.

— 35 %

Kaufland

Ravioli

K-Classic Ravioli Bolognese
Hergestellt für Kaufland Warenhandel
GmbH & Co. KG, 74149 Neckarsulm
Veterinärkontrollnummer: DE EV 78 EG

Maggi Ravioli
Maggi GmbH, 78221 Singen
Veterinärkontrollnummer: DE EV 78 EG

Info Maggi ist eine der wichtigsten
Traditionsmarken von Nestlé – und eigentlich produziert der weltweit größte Nahrungsmittelkonzern nur wenige Handelsmarken. Kaufland gehört offensichtlich zum Kreis der Auserwählten: Die K-Classic Dosenravioli stammen eindeutig aus dem Maggi-Werk im baden-württembergischen Singen. Allerdings haben sie eine andere Rezeptur als das Original.

— 31 %

Sparpotenzial auf einen Blick

Anhand von 160 Produktbeispielen haben Sie nun erfahren, wie viel sich sparen lässt, wenn man anstelle vom Marken- zum No-Name-Lebensmittel greift. Vielleicht interessiert es Sie jedoch zusätzlich, wie die Sache nicht nur im Einzelfall aussieht, sondern auch im Großen und Ganzen? Kein Problem, auch dieses Rechenbeispiel haben wir für Sie anhand von unzähligen Kassenbons durchkalkuliert. Die folgende Tabelle zeigt auf einen Blick, wie viel wir bei unseren Stichproben für die jeweiligen Marken- und No-Name-Produkte ausgegeben haben und wie hoch die absoluten und prozentualen Ersparnisse waren.

Einkaufsbilanz					
	Anzahl Artikel	Gesamtpreis No Name	Gesamtpreis Marke (mengenbezogen)	Ersparnis in Euro	Ersparnis in %
Aldi-Süd	44	25,20	45,61	20,41	44,75
Aldi-Nord	60	37,64	60,71	23,07	38,00
Lidl	44	32,75	51,59	18,84	36,52
Netto	20	8,66	13,78	5,12	37,17
Plus	28	13,90	24,82	10,92	44,01
Penny	20	13,45	18,88	5,43	28,78
Norma	20	6,68	14,49	7,81	37,17
Edeka	20	10,18	18,38	8,20	44,63
Rewe	20	11,16	17,71	6,55	36,99
Real	28	16,38	24,69	8,31	33,64
Kaufland	16	8,24	11,66	3,42	29,35
Summe	**320**	**184,24**	**302,34**	**118,10**	**39,06**

Doch damit ist das Thema noch lange nicht abgeschlossen. Schließlich gibt dieses Buch nur einen Teil unserer aufwendigen Recherchen wieder. Die erweiterte Variante finden Sie als Download auf unserem Verlags-Portal www.villavitalia. de. Hier können Sie zu allen genannten Lebensmitteln die genauen Preis- und Mengenangaben nachlesen; zudem werden weitere Produktbeispiele vorgestellt, die aus Platzgründen nicht aufgenommen werden konnten. Klicken Sie einfach mal rein – unter der Rubrik Gourmettempel/Gourmetwelt.

Kurz und knapp: Wer steckt dahinter?

Spielen Sie verdeckter Ermittler und recherchieren Sie undercover. Nutzen Sie diese Liste der Vertriebs-, Tochter- oder anderweitig verbundenen Unternehmen – unter deren Namen etablierte Markenhersteller No-Name-Produkte anbieten (Angaben ohne Gewähr) –, um zu erfahren, in welchem Betrieb Ihre beliebten Produkte hergestellt werden.

Aachener Zucker- und Backwaren GmbH & Co. KG, 52001 Aachen:
→ **Lambertz**
Albert Striller Vertrieb GmbH, 64402 Bickenbach:
→ **Intersnack Knabber-Gebäck (funny frisch, Chio, Pom-Bär, gold fischli)**
Alpursa Lebensmittel GmbH, 60523 Frankfurt:
→ **Nestlé**
Backfrost Caldino GmbH, 49497 Mettingen:
→ **Coppenrath & Wiese**
Bayernmilch GmbH, 85567 Grafing:
→ **Alpenhain**
Biscotto GmbH, 30006 Hannover:
→ **Bahlsen**
Bonifaz Kohler GmbH, 88161 Lindenberg:
→ **Hochland**
BFP GmbH, 72766 Reutlingen:
→ **Bonduelle**
Brotland GmbH, 22859 Schenefeld:
→ **Harry-Brot**
Coverna GmbH, 56751 Polch:
→ **Griesson – de Beukelaer**
Copack Tiefkühlkost Produktionsgesellschaft mbH, 27531 Bremerhaven:
→ **Frosta**
Christian Wunner GmbH, 49197 Dissen:
→ **Homann**
Danland Foods, DK - 8260 Viby:
→ **Arla Foods (Buko, Tolko)**
Dr. Hans Höring oHG, 52008 Aachen:
→ **Zentis**

Dr. Lange & Co. GmbH, 40552 Düsseldorf:
→ **Zamek**
Dr. Heinr. König, 23560 Lübeck:
→ **Campbell's (Erasco)**
F.A. Crux GmbH & Co. KG, 52001 Aachen:
→ **Lambertz**
Flämische Keksfabrik GmbH, 47906 Kempen:
→ **Griesson – de Beukelaer (Prinzenrolle)**
ff-Frisch-Food-Handel GmbH, 42867 Remscheid:
→ **Steinhaus**
Flora Gewürze, 49198 Dissen:
→ **Fuchs-Gruppe (DF World of Spices GmbH)**
Fr. Nienhaus Nachf. GmbH, 13503 Berlin:
→ **Underberg**
FWE GmbH, 65193 Wiesbaden:
→ **Freixenet**
Geflügelschlachterei Möckern, 39291 Möckern:
→ **PHW-Gruppe (Wiesenhof)**
Gloria Feinkost GmbH, 49197 Dissen:
→ **Homann**
good food GmbH, 39288 Burg:
→ **Brandt-Gruppe (Brandt Zwieback, Burger Knäcke)**
good food GmbH, 84003 Landshut:
→ **Brandt-Gruppe (Brandt Zwieback, Burger Knäcke)**
Griff GmbH, 59939 Olsberg:
→ **The Nut Company (Ültje, Felix, Pittjes)**
Gritto Werke, 19221 Hagenow:
→ **Kühne**
Grüne Aue Molkerei, 47439 Moers:
→ **Dr. Oetker (Onken)**
Haberland Marketing GmbH, 93197 Zeitlarn:
→ **Händlmaier**
Hansa Tiefkühlmenü GmbH & Co. KG, 49171 Hilter:
→ **Apetito**
Hanse Feinkost GmbH, 27472 Cuxhaven:
→ **Heristo (Appel, Norda)**
Huber GmbH & Co. KG, 86802 Buchloe:
→ **Karwendel (Exquisa)**
HUM eG, 48351 Everswinkel:
→ **Humana**
IBU GmbH, 63233 Neu-Isenburg:
→ **The Lorenz Bahlsen Snack-World**
Info Fita GmbH, 22056 Hamburg:
→ **General Mills (Knack & Back)**
Inter Biscuits GmbH, 29634 Schneverdingen:
→ **Bahlsen**

Käsehandelsgesellschaft Rosenheim mbH, 83043 Bad Aibling:
→ **Bergader (Bonifaz, Bavaria Blu)**
Karlsruher Konservenfabrik GmbH, 64747 Breuberg:
→ **Odenwald-Früchte**
Knossos GmbH, 30900 Wedemark:
→ **Apostel**
Kornmark, 49676 Garrel:
→ **Lieken AG (Lieken Urkorn, Kamps)**
Kunz GmbH, 59939 Olsberg:
→ **The Nut Company (Ültje, Pittjes, Felix)**
Lactona GmbH, 81307 München:
→ **Danone**
Lamarc Feinkost GmbH, 40556 Düsseldorf:
→ **Zamek**
Landmanns GmbH, 91183 Abenberg:
→ **Henglein**
Le Cafe Gebäck GmbH, 29635 Schneverdingen:
→ **Bahlsen**
Lisner Feinkost GmbH, 46240 Bottrop:
→ **Nadler**
MBP Milchprodukte GmbH, 74078 Heilbronn:
→ **Campina**
Medin GmbH & Co. KG, 21218 Seevetal:
→ **Nutrisun/Laurens Spethmann Holding (Huxol)**
Menü-Variant GmbH, 49176 Hilter:
→ **Apetito**
Meerrettich-Vertrieb EM, 91081 Baiersdorf:
→ **Schamel**
Milchfrisch Vertriebs-GmbH, 87770 Oberschönegg:
→ **Ehrmann**
Neuss & Wilke GmbH, 45801 Gelsenkirchen:
→ **Müller's Mühle**
Nord Fisch Feinkost GmbH, 27452 Cuxhaven:
→ **Heristo (Appel, Norda)**
Nürnberger Kloßteig GmbH & Co. KG, 91183 Abenberg:
→ **Henglein**
Ofterdinger, 49139 Bad Laer:
→ **Homann**
Pasta Teigwaren Handelsgesellschaft mbH, 81541 München:
→ **Bernbacher**
Paulchen, 35096 Weimar:
→ **Pauly**
Quality Bakers, 49681 Garrel:
→ **Lieken AG (Lieken Urkorn, Kamps)**
Sankt Florin Sektkellerei GmbH, 56068 Koblenz:
→ **Deinhard**

Smile Factory GmbH, 46428 Emmerich:
→ **Katjes Fassin**
Snack and Smile Company GmbH, 22049 Hamburg:
→ **Intersnack Knabber-Gebäck (gold fischli, chio, funny frisch)**
Snäcky Knabbergebäck GmbH, 31307 Uetze:
→ **The Lorenz Bahlsen Snack-World**
S & P GmbH & Co. KG, 99880 Waltershausen:
→ **Thoks-Backwaren**
Spice Gewürzhandelsgesellschaft mbH, 33612 Bielefeld:
→ **Alba-Gewürze**
Süko GmbH, 84347 Pfarrkirchen:
→ **Develey**
Sweet Food GmbH, 58132 Hagen:
→ **Brandt-Gruppe**
T.A.G Nahrungsmittel GmbH, 71304 Waiblingen:
→ **Birkel**
T.M.A. GmbH, 86850 Fischach:
→ **Unternehmensgruppe Theo Müller (Müllermilch)**
Top Snacks GmbH, 64404 Bickenbach:
→ **Intersnack Knabber-Gebäck GmbH (funny frisch, Chio, Pom-Bär, goldfischli)**
Türk & Pabst GmbH, 46240 Bottrop:
→ **Nadler Feinkost**
Weiand GmbH, 49201 Dissen:
→ **Fuchs-Gruppe (DF World of Spices GmbH)**
Wesa Feinkost GmbH & Co. KG, 31868 Ottenstein:
→ **Petri-Feinkost (Petrella)**
WIHA GmbH , 33780 Halle (Westf.):
→ **Storck**
v. d. Heiden GmbH, 40004 Düsseldorf:
→ **Löwensenf**
Vejle Cheese Company, DK, 7100 Vejle:
→ **Arla Foods (Buko, Castello Blue)**
Voss-Feinkost, 49193 Bad Laer:
→ **Homann**
Voss & Zobus GmbH, 73728 Esslingen:
→ **Hengstenberg**
Wefa Brot GmbH, 52146 Würselen:
→ **Kronenbrot**
Wesa Feinkost GmbH & Co. KG, 31868 Ottenstein:
→ **Petri Feinkost (Petrella)**
Westf. Fleischwaren Vogt GmbH, 45697 Herten:
→ **Herta**
WIHA GmbH, 33780 Halle:
→ **Storck (Merci, Dickmann's)**
Zoma, 89304 Günzburg:
→ **Zott**

Die Veterinär-kontrollnummern

Auf allen abgepackten Milch-, Fleisch- und Fischerzeugnissen, die innerhalb der Europäischen Union verkauft werden, muss auf der Verpackung eine sogenannte Veterinärkontrollnummer angegeben werden.

Dieses Genusstauglichkeitskennzeichen gibt den Herstellungsbetrieb wieder, in dem das Produkt »zum letzten Mal bearbeitet oder verpackt« wurde. In der Regel bedeutet diese Formulierung einfach »hergestellt wurde«. Und zwar unabhängig von den Marken, die dieser Betrieb produziert. Für uns Verbraucher ist dieses Zeichen also die beste Möglichkeit, bei No-Name-Produkten den wahren Hersteller auszumachen. Es müssen sowohl die Kennziffer des Herkunftsstaates (angelehnt an die KFZ-Länderkennzeichen), die Veterinärkontrollnummer des jeweiligen Betriebes sowie die Abkürzung EWG oder EG angegeben sein.

Die deutschen Betriebe werden EU-weit zugelassen und müssen im Bundesanzeiger veröffentlicht werden. Auf deutschen Produkten steht in der Buchstaben-Zahlen-Kombination damit an erster Stelle immer ein »DE«. Anschließend folgt das Bundesland und dann der eigentliche Produktionsbetrieb. Schauen Sie sich als Beispiel mal die Veterinärkontrollnummer eines bekannten Molkereibetriebes an: DE BY 721 EG. Dabei steht DE für Deutschland, BY für Bayern und die Zahlenkombination 721 für die Zott GmbH & Co. KG in Mertingen und EG für Europäische Gemeinschaft.

Bei fleisch- und fischverarbeitenden Unternehmen wird zudem die Art des Bearbeitungsbetriebes angegeben, zum Beispiel DE SH EFB 009 EG. Hier steht DE für Deutschland, SH für Schleswig-Holstein, EFB für fischverarbeitender Betrieb, die Zahlenkombination 009 für die Hawesta-Feinkost Hans Westphal GmbH & Co. KG und EG für Europäische Gemeinschaft.

Die folgenden Listen zeigen eine Auswahl der in Deutschland zugelassenen Betriebe für Fleisch-, Molkerei- und Fischerzeugnisse.

Fleischerzeugnisse

DE EV 2	Campbell's Germany GmbH, Lübeck
DE EV 3 EG	Böklunder Plumrose GmbH & Co. KG, Böklund
DE EV 15	Westfälische Fleischwarenfabrik Stockmeyer GmbH & Co. KG, Sassenberg-Füchtorf
DE EV 19 EG	Artland Convenience GmbH, Badbergen
DE EV 21	Heinrich Hamker Lebensmittelwerke GmbH & Co. KG, Bad Essen
DE EV 22	Apetito Convenience GmbH & Co. KG, Rheine
DE EV 25	Fritz Homann Feinkost GmbH & Co. KG, Dissen a. TW
DE EV 39 EG	Nestlé Deutschland AG, Herta, Herten
DE EV 49	Buss GmbH & Co. KG, Ottersberg
DE EV 73	Karl Könecke Fleischwarenfabrik GmbH & Co. KG, Bremen
DE EV 76 EG	Fleischwerke Edmund Zimmermann GmbH & Co., Thannhausen
DE EV 78 EG	Nestlé Deutschland AG, Maggi-Werk Singen, Singen-Hohentwiel
DE EV 84	Popp Feinkost GmbH, Kaltenkirchen
DE EV 93	Nadler Feinkost GmbH, Bottrop
DE EV 110 EG	Fleischwaren Steinhaus GmbH & Co. KG, Remscheid
DE EV 135	Apetito AG, Rheine
DE EV 167	Karl Könecke Fleischwarenfabrik GmbH & Co. KG, Delmenhorst
DE EV 219 EG	Abbelen Fleischwaren GmbH & Co. KG, Tönisvorst
DE NW EV 221	Wiesenhof Geflügelwurst GmbH & Co. KG, Rietberg
DE EV 247	Wernsing Feinkost GmbH, Essen-Addrup
DE EV 254	Vossko-Tiefkühlkost GmbH, Ostbevern
DE EV 292 EG	Zimbo Fleisch- und Wurstwarenproduktion GmbH & Co. KG, Börger
DE EV 345	Franziska Stolle, Geflügelspezialitäten GmbH & Co. KG, Steinfeld
DE EV 356	Metten Fleischwaren GmbH & Co., Finnentrop
DE EV 362	Freiberger Lebensmittel GmbH & Co., Berlin
DE TH EV 555	Nadler-Feinkost GmbH Bottrop, Zweigbetrieb Floh-Seligenthal, Floh-Seligenthal
DE EV 717	Howe GmbH & Co. KG, Nürnberger Bratwurstfabrikation, Nürnberg
DE EV 761	Fine Food Feinkost Mühlenberg GmbH & Co. KG, Wittenburg
DE EV 825 EG	Struik Foods Berlin GmbH, Beelitz
DE EV 847	Schottke GmbH & Co. KG, Bremerhaven (Frosta)
DE EV 1085	Carl Kühne, Berlin
DE EV 1710	Wiesenhof Geflügelspezialitäten GmbH & Co., Lohne
DE EV 1782	allfein Feinkost GmbH & Co. KG, Niederlassung Zerbst, Zerbst

Geflügelerzeugnisse

DE EZG 57	Wiesenhof Geflügelspezialitäten, Bogen
DE EZG 81	Gebr. Stolle GmbH & Co. KG, Visbek
DE EZG 113	Wiesenhof Geflügelspezialitäten GmbH & Co, Zweigniederlassung Holte, Wietzen
DE EZG 214	Wiesenhof Geflügelspezialitäten GmbH & Co. KG, Lohne
DE EZG 238	Fine Food Feinkost GmbH, Emsdetten
DE EZG 257	Wiesenhof-Geflügel Möckern GmbH, Möckern
DE EZG 260	allfein Feinkost GmbH & Co. KG, Lohne
DE EZG 270	Fine Food Mühlenberg GmbH & Co. KG, Wittenburg
DE EZG 1782	allfein Feinkost GmbH & Co. KG, Zerbst

Molkereierzeugnisse

DE BB 023	Schöller Lebensmittel GmbH & Co. KG, Prenzlau
DE BW 033	Campina GmbH, Heilbronn
DE BY 103	Staatliche Molkerei Weihenstephan GmbH & Co. KG, Freising
DE BY 104	Neuburger Milchwerke GmbH & Co. KG, Neuburg a. D.
DE BY 111	Molkerei Meggle Wasserburg GmbH & Co. KG, Wasserburg a. Inn
DE BY 112	J. Bauer GmbH & Co. KG, Wasserburg
DE BY 114	Alpenhain Käsespezialitäten-Werk GmbH & Co. KG, Pfaffing
DE BY 118	Neuburger Milchwerke GmbH & Co. KG, Dachau
DE BY 123	Hochland Deutschland GmbH, Schongau
DE BY 132 EG	Bergader Privatkäserei GmbH & Co. KG, Waging
DE BY 144	Alpenhain Verwaltungs GmbH, Pfaffing
DE BY 301 EG	Goldsteig Käsereien Bayernwald GmbH, Cham
DE BY 544	Nestlé Schöller Produktions GmbH, Nürnberg
DE BY 706	Karwendel-Werke Franz X. Huber, Buchloe
DE BY 709 EG	Mang-Käsewerk GmbH & Co. KG, Kammlach
DE BY 712	Zott GmbH & Co, Günzburg
DE BY 718	Molkerei Alois Müller GmbH & Co, Aretsried
DE BY 721	Zott KG, Mertingen
DE BY 723	Molkerei Heinrich Gropper KG, Bissingen
DE BY 727	Ehrmann AG, Oberschönegg
DE BY 745 EG	Hochland, Reich, Summer & Co., Heimenkirch
DE BY 7125 EG	Bergland Naturkäse GmbH, Lindenberg
DE MV 001	Danone GmbH, Hagenow
DE NI 059	Humana Milchindustrie GmbH, Georgsmarienhütte

DE NI 076	Nestlé Schöller Produktions GmbH, Uelzen
DE NI 087	Roncadin GmbH, Osnabrück
DE NI 102	Eisbär Eis GmbH, Apensen
DE NI 107	Petri-Feinkost GmbH, Glesse
DE NI 300	Apostel Griechische Spezialitäten GmbH, Garbsen
DE NW 201	Humana Milchunion eG, Everswinkel
DE NW 203	Campina GmbH, Gütersloh
DE NW 204	Humana Milchunion eG, Warburg
DE NW 303	Dr. Oetker Frischeprodukte Moers KG, Moers
DE NW 401	Campina GmbH, Köln
DE NW 402 EG	Hochwald Nahrungsmittel-Werke GmbH, Erftstadt
DE NW 517	Humana Milchunion eG, Recke
DE NW 508	Humana Milchunion eG, Everswinkel
DE NW 511	Privatmolkerei Borgmann, Coesfeld
DE NW 514	Sanobub GmbH, Recke
DE SH 027 EG	Nordmilch AG, Hohenwestedt
DE SN 006 EG	Molkerei Hainichen-Freiberg GmbH & Co. KG, Freiberg
DE SN 016	Sachsenmilch AG, Leppersdorf
DE ST 225 EG	Breitunger Käserei, Ernst Rumpf GmbH, Wohlmirstedt

Fischereierzeugnisse

DE BE EFB 018	Freiberger Lebensmittel GmbH & Co., Berlin
DE BW EFB 020	Freiberger Lebensmittel GmbH & Co. KG, Muggensturm
DE HB EFB 038 EG	Frozen Fish International, Bremerhaven
DE HB EFB 048	Schottke GmbH & Co. KG, Bremerhaven
DE HH EFB 014	Deutsche See, Hamburg
DE NI EFB 001 EG	Pickenpack - Hussmann & Hahn Seafood GmbH, Lüneburg
DE NI EFB 016	Appel Feinkost GmbH & Co. KG, Cuxhaven
DE NI EFB 080	Homann Feinkost GmbH & Co. KG, Dissen
DE NI EFB 089	Heinrich Hamker Lebensmittelwerke GmbH & Co. KG, Bad Essen-Lintrop
DE NW EFB 502	Apetito AG, Rheine
DE NW EFB 501	Nadler Feinkost GmbH, Bottrop
DE SH EFB 009	Hawesta-Feinkost, Hans Westphal GmbH & Co. KG, Lübeck
DE SH EFB 013 EG	Friesenkrone Feinkost GmbH, Marne
DE SH EFB 066	Popp Feinkost GmbH, Kaltenkirchen
DE TH EFB 555	Nadler Feinkost GmbH, Floh-Seelingenthal

Register

Aufbackbrötchen 25, 40
Back-Camembert 51, 81
Backwaren 59
Blätterteig 22
Bratheringe 30
Brioche-Brötchen 63
Brot 19
Brotaufstrich 21, 43
Brötchenteig 47
Brühe 34
Buttermilch 35, 79, 95
Buttertoast 48
Butterzubereitung 66, 81, 94
Camembert 99
Cappuccinopulver 26
Cashew-Kerne 32
Champagner 49
Chips 14
Dosengemüse 33
Dosensuppe 15
Feinkostsalat 27, 30, 54, 65, 77, 86
Fertiggericht 68
Fertigsaucen 85
Fertigsuppen 90
Fettreduzierter Joghurt 87
Fischdauerkonserven 84
Fischkonserven 45, 91
Frikadellen 77
Frischkäse 13, 43, 69
Frischkäsezubereitung 28, 69
Frischteig 71
Fruchtjoghurt 55
Gebäck 18, 29, 35, 71
Geflügelwurst 86
Gefüllter Doppelkeks 39
Gefülltes Waffelgebäck 44

Gekühltes Kaffeegetränk 89
Geriebener Käse 83
Geschnittener Frischkäse 54
Gewürze 16, 46, 73
Gouda 98
Gulaschsuppe 80
Gummibärchen 45
Hackfleischprodukte 90
Hamburger-Brötchen 52
Harzer Käse 95
Joghurt 92
Joghurt-Fruchtgummis 14
Kaffeesahne 79, 93
Kartoffelsnack 41
Käse 20, 60
Käse in Salzlake 83
Kekse 32
Kloßteig 52
Knabberartikel 12, 42, 58, 74
Knäckebrot 25
Konfitüre 41, 60
Körniger Frischkäse 65
Kräuterbitter 23
Lakritz 33
Leberwurst 42
Löslicher Kaffee 20
Margarine 16
Mayonnaise 36
Meerrettich 24
Milchreis 100
Mozzarella 19, 72
Nudeln 22, 55
Paprika-Chips 31, 40
Pastazubereitung 66, 84
Pommes frites 59
Preiselbeeren 51, 75
Puddingpulver 75
Quarkzubereitung 13, 53, 62, 74, 80
Ravioli 100

Reibekuchenteig 44
Reis 29
Remoulade 49
Rotkohlzubereitung 57
Rotkulturkäse 98
Rotwein 21
Salami 61
Salatdressing 39, 46
Salzstangen 15
Schimmelkäse 68, 91
Schinkenwürfel 93
Schinkenwürstchen 89
Schmelzkäsescheiben 87, 97
Schokobrötchen 26
Schoko-Creme 31
Schokoküsse 12
Schokolade 37, 61
Sekt 18
Senf 27, 57, 73
Spanischer Sekt 24
Speisequark 99
Süßer Senf 17
Süßstoff 47
Tee 63
Tiefkühl-Backwaren 23, 28
Tiefkühl-Fertiggericht 62, 67, 67, 97
Tiefkühl-Fischstäbchen 85
Tiefkühl-Hähnchen 36
Tiefkühl-Hähnchenzubereitung 92
Tiefkühl-Kuchen 17
Tiefkühl-Paella 78
Tiefkühl-Pizza 34
Tortelloni 78
Weichkäse 72
Würstchen 58
Zaziki 53, 94
Zwieback 37, 48

Über die Autorin

Martina Schneider ist Lebensmittel-technologin und Fachjournalistin im Bereich Ernährung. Sie erhielt 1995 als Mitglied der Redaktion »KostProbe« im WDR Fernsehen den Journalistenpreis der Deutschen Gesellschaft für Ernährung und hat sich mit dem Redaktionsbüro »Food-focus« selbstständig gemacht.

2004 erschien im Südwest Verlag ihr erstes Buch zum Thema »Welche Marke steckt dahinter? No-Name-Produkte und ihre namhaften Her-steller«. Wenige Zeit später kam ihr ebenso erfolgreicher Ratgeber »Aldi – Welche Marke steckt dahin-ter?« auf den Markt.

Nachdem Martina Schneider zunächst im Hintergrund als versierte Redakteurin zahlreiche Fernseh- und Hörfunkbeiträge zum Thema Lebensmittel und deren Qualität realisiert hat, steht sie heute selbst vor der Kamera und dem Mikro und gibt Interviews.

Hinweis

Alle Beschreibungen und Klassifizierungen sind mit großer Sorgfalt erstellt. Eine Gewähr-leistung für Richtigkeit, Vollständigkeit und Irrtümer sowie daraus entstehende Schäden ist grundsätzlich ausgeschlossen. Geschützte Marken werden ohne Gewährleistung der freien Verfügbarkeit wiedergegeben. Die Namen sind entweder eingetragene Warenzeichen oder sollten als solche behandelt werden. Alle Rechte der erwähnten Marken liegen bei den jewei-ligen Markeninhabern. Die Erwähnung in diesem Ratgeber erfolgt gem. § 23 Markengesetz.

Die Ratschläge in diesem Buch sind von Autorin und Verlag sorgfältig erwogen und geprüft; dennoch kann eine Garantie nicht übernommen werden. Eine Haftung der Autorin bzw. des Verlags und dessen Beauftragten für Personen-, Sach- und Vermögensschäden ist ausgeschlossen.

Impressum

© 2009 by Südwest Verlag, einem Unternehmen der Verlagsgruppe Random House GmbH, 81673 München

Alle Rechte vorbehalten.
Vollständige oder auszugsweise Reproduktion, gleich welcher Form (Fotokopie, Mikrofilm, elektronische Datenverarbeitung oder durch andere Verfahren), Vervielfältigung, Weitergabe von Vervielfältigungen nur mit schriftlicher Genehmigung des Verlags.

Projektleitung: Eva Wagner
Redaktion: Dr. Ute Paul-Prößler
Korrektorat: Susanne Langer
Gesamtproducing, Satz: Andreas Rimmelspacher, Murnau
Umschlaggestaltung: R.M.E. Eschlbeck | Kreuzer | Botzenhardt, München
Fotos: Ralf-Michael Wagner, Frank Flamme
Litho: Artilitho, Lavis (Trento)
Druck und Bindung: Těšínská Tiskárna, Český Těšín

Mix
Produktgruppe aus vorbildlich
bewirtschafteten Wäldern, kontrollierten
Herkünften und Recyclingholz oder -fasern
www.fsc.org Zert.-Nr. SGS-COC-004278
© 1996 Forest Stewardship Council

Printed in the Czech Republic

Verlagsgruppe Random House FSC-DEU-0100
Das für dieses Buch verwendete FSC-zertifizierte Papier Profisilk wurde produziert von Sappi Alfeld und geliefert durch die IGEPA

ISBN 978-3-517-08561-6

817263544536271